Vieweg

Die Konstruktion von Entscheidungstabellen

Dipl.-Ing. Wolfgang Vieweg

Die Konstruktion von Entscheidungstabellen

Springer Fachmedien Wiesbaden GmbH

ISBN 978-3-409-32872-2   ISBN 978-3-663-13534-0 (eBook)
DOI 10.1007/978-3-663-13534-0

Vorwort

Für einen Prozessor zur interaktiven Erstellung von Algorithmen zur Dokumentation und Verarbeitung in Datenverwaltungssystemen werden im folgenden ein Systemkonzept und die Funktion einiger Teilmodule entwickelt. Basis der hierzu erforderlichen Überlegungen ist die "indirekte Methode" der Konstruktion von Entscheidungstabellen.

Das vorliegende Buch verfolgt ausschließlich das Bestreben die Entscheidungstabellentechnik mit allen ihren Vorzügen einem weiten Anwenderkreis vorzustellen und durch die hier dargestellte, überzeugende Methode diese alternative Technik (zu anderen Verfahren: Flußdiagramme, Ablaufpläne etc.) dem weitverbreiteten, praktischen Einsatz zu öffnen.

Eingangs sei noch bemerkt, daß ausgereifte Gedanken zur Codierung und Verarbeitung von Entscheidungstabellen (vornehmlich in der angelsächsischen Literatur) in großer Vielfalt publiziert sind, daß jedoch Arbeiten, die sich mit der Erstellungsphase der Entscheidungstabellentechnik befassen, weder in englischer noch in deutscher Sprache bekannt sind. Den ersten Schritt zur Abrundung des hier relevanten Problemkreises und damit zur Schliessung dieser offensichtlichen "Marktlücke" ging Verhelst, der in einem Arbeitspapier zu einer Tagung in Amsterdam im Dezember 1971 Überlegungen zur sogenannten "indirekten Methode" veröffentlichte. Basierend auf diesen Ansätzen entstanden die Betrachtungen, die in dem vorliegenden Buch wiedergegeben sind.

Leser, die bereits im Vorwort die Beschreibung (und damit die Abgrenzung) des relevanten Anwendungsbereiches der Entscheidungstabellentechnik erwarten, möchte ich auf den Absatz IB2 verweisen; dort können dann derartige Fragen in einem weitaus größeren Rahmen behandelt werden, als es an dieser Stelle möglich wäre.

Abschließend möchte ich mich beim Dr. Th. Gabler Verlag - Wiesbaden für die ausgezeichnete, weil reibungslose Zusammenarbeit bedanken.

                              W. Vieweg

Inhaltsverzeichnis

I Der Problem- und Anwendungsbereich

A Einleitung

1 Der rückgekoppelte Entscheidungsprozeß

Aktivität und Passivität sind die beiden (sich gegenseitig ausschließenden - so meint man) grundlegenden Hand-
lungs- und Verhaltensweisen. Jedoch selbst, wenn man sich
zur passiven Verhaltensweise entschlossen hat, d.h. wenn
man in der Passivität verharrt, bedeutet dieses duldsame
Nichtstun ein Agieren, eine Aktion und damit eine Aktivität. Alles fließt...und um diesen Fluß zeitlich ver-
teilter Aktivitäten und Passivitäten im Sinne vorhande-
ner Wunsch- (Ziel-)vorstellungen günstig zu beeinflussen,
sind in Abhängigkeit von den Gegebenheiten der jeweils
augenblicklichen Situation einzelne Alternativen aus der
Gesamtheit der in Betracht kommenden Alternativen auszu-
wählen, d.h. entsprechende Entscheidungen sind zu treffen.

Bedingt durch eine derartige Entscheidung werden dann
gezielt Aktionen zur Ausführung gebracht, die in rück-
koppelnderweise über eine gewisse Umwelt Einfluß nehmen
auf die Art und Menge der Alternativen, die ihrerseits
wiederum als Basisinformation der in dem zeitlich struk-
turierten Prozeß nachfolgenden Entscheidung anzusehen
sind.

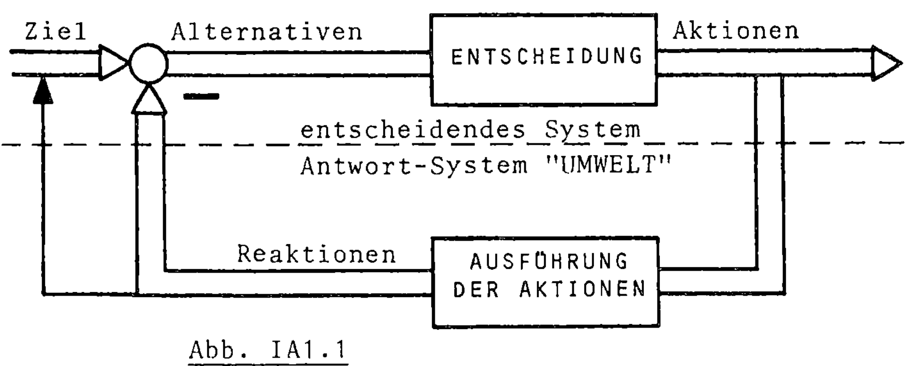

Abb. IA1.1

Die Prozeßschleife wird solange durchlaufen, bis zu
irgendeinem Zeitpunkt die "Umwelt" den eingangs definierten Zielvorstellungen entspricht und somit durch die Beseitigung des Situationskonfliktes die Notwendigkeit zur
Bildung von Alternativen aufhebt.

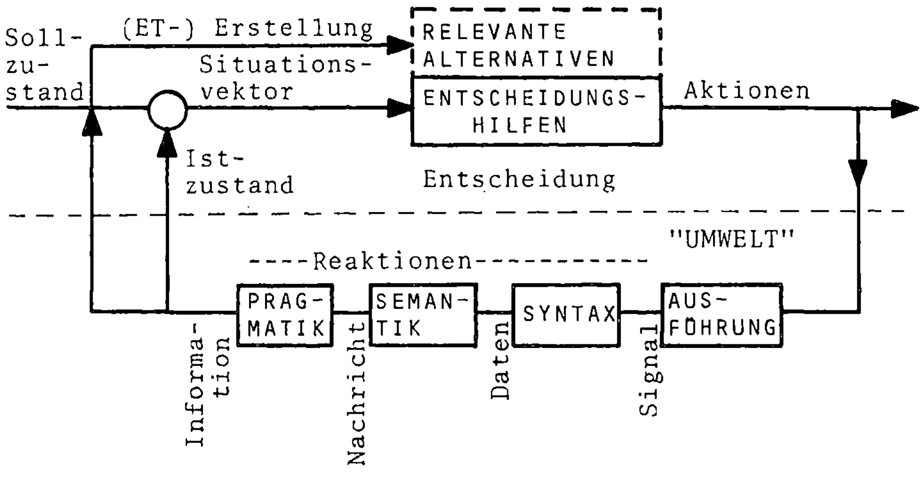

Abb. IA1.2

Das Anpassen des Entscheidungsobjektes (Ist-Zustand, Umwelt) an das Entscheidungsnomen (Soll-Zustand, Ziel- oder
Modellwelt) erfordert - wie Abbildung IA1.2 ausführlich
zeigt - die Signalverarbeitung durch komplex strukturierte und deshalb nur schlecht exakt beschreibbare Regel-
glieder. Diese Vorgänge, die vom Signal (Ergebnis einer
Reaktion) zu der den Ist-Zustand darstellenden Information führen, spielen sich ausschließlich bewußt und/oder
unbewußt in der öffentlichen und/oder in der intimen
Sphäre des sich in einem Entscheidungskonflikt befinden-
den Menschen ab und entbehren deswegen hinreichender
Transparenz. Die eigentliche Entscheidung dagegen, die
als ein Teil des Entscheidungsprozesses anzusehen ist,
kann durch algorithmisierbare Entscheidungshilfen (im Bereich der Rationalität) zwingend beeinflußt werden.

Von dem wiedergegebenen Regelkreis "Entscheidungsprozess"
(Abb.IA1.2) werde ich bei meinen folgenden Betrachtungen
die Rückkopplung weitgehend außer acht lassen und mich
überwiegend dem Vorwärtspfad zuwenden. Aufgrund des sich
einstellenden Situationsvektors (Eingangsvektor) werden
aus der in Frage kommenden Gesamtheit alternativer Entscheidungsregeln genau eine (oder mehrere) Alternative(n)
ausgewählt.

Alternativen sind alternative Entscheidungsregeln. Jede
Entscheidungsregel enthält einen Bedingungs- und einen

Aktionenteil. Entscheidungsregeln sind aufgrund der kausalen Bedingtheiten bedingungsorientiert, d.h. eine bestimmte (wohlfestgelegte) Aktionenkette wird dann ausgeführt, wenn die korrespondierende Kombination der logischen Bedingungswerte erfüllt ist. Wann eine solche in
Betracht kommende Bedingungskombination befriedigt ist,
entscheidet der sich aus dem erwähnten Soll-Istwert-Ver-
gleich ergebende Eingangsvektor.

Zur Darstellung der Gesamtheit der möglichen Alternativen
zur Dokumentation eben dieser Entscheidungssituation
wurden bislang ausschließlich Flußdiagramme oder diesen
Ablaufplänen nahestehende Darstellungsformen verwendet.
Nun hat sich seit Anfang der 6o-iger Jahre zunächst erst
in Amerika und später auch in Deutschland die sogenannte
Entscheidungstabelle eingeführt.

B Klärung des Ziels

1 Ziel der Entscheidungstabellentechnik

Die Entscheidungstabelle (ET) hat gegenüber den bisher
praktizierten Verfahren zur Beschreibung von Organisationsabläufen im wesentlichen die Vorzüge einer einfach
überprüfbaren Konsistenz, des leichter durchzuführenden
Änderungsdienstes, der besser überschaubareren und prä-
gnanteren Dokumentation und der leichteren Codierbarkeit.

Unter Konsistenz einer ET verstehe ich die logische Ho-
mogenität derselben, d.h. die Tatsache, daß die besagte
ET alle relevanten Fälle berücksichtigt (Vollständigkeit), daß die ET frei von logischen Widersprüchen ist
(Widerspruchsfreiheit) und daß die ET keine redundanten
Fälle enthält (Redundanzfreiheit). Der Tatbestand der
Vollständigkeit, der Widerspruchs- und Redundanzfreiheit
läßt sich bei Entscheidungstabellen leicht algorithmisch
überprüfen.

Der leichtere Änderungsdienst, die bessere Dokumentation
und die einfachere Codierbarkeit sind hauptsächlich Vorteile, die die ET gegenüber den Flußdiagrammen auszeich-
net.

Die Darstellung von praktischen Organisationsabläufen ist
ein komplexes Vorhaben, das einigen Umfang annimmt. Das
heißt, daß der Anwender sich entweder einem recht umfangreichen Geflecht von Flußdiagrammen oder mehreren ETs
gegenübergestellt sieht. Sollte sich nun bei dem praktischen Einsatz von Flußdiagrammen eine Korrektur, eine
Erweiterung oder eine Einengung des Verfahrensablaufes
als erforderlich erweisen, dann ist es wegen der meist
starken Verflechtung der Diagramme unumgänglich, die
gesamte Darstellung der vorliegenden Abläufe neu zu ge-
stalten, wogegen bei der Verwendung von ETs - das gilt
nur für den Fall einer unvollständig wiedergegebenen Entscheidungssituation - lediglich die inkorrekte ET abge-
ändert werden muß. Auch das Einfügen von zusätzlichen ETs
bedeutet keine allzu große Schwierigkeiten.

Eine einwandfreie Dokumentation ist eine unumstößliche
Forderung jedweder Organisation, speziell einer inner-
betrieblichen oder einer Programmorganisation. Durch das
zweidimensionale Tabellenformat der ETs bietet eben die
ET-Technik eine überschaubarere Dokumentation des gegebenen Organisationsablaufes, als das durch ein weitver-
ästeltes (mehrdimensionales) Flußdiagramm möglich wäre.

Die leichtere Codierbarkeit der ETs gegenüber den Flußdiagrammen wird durch das fester vorgegebene Format der
ETs erreicht.

Ziel der ET-Technik ist die Ausnutzung dieser ebener-
wähnten Vorteile zur Bereitstellung einer sicheren und
einfach zu handhabenden Entscheidungshilfe.

Trotz der augenscheinlichen Vorzüge, die die ET besitzt,
hat sie sich gegenüber den anderen Entscheidungshilfen
(hauptsächlich: Flußdiagramme) noch nicht vollständig
durchsetzen können. Obschon die weite Verbreitung der ET
bisher ausgeblieben zu sein scheint, findet man sie in
allen Bereichen der Planung, Organisation, Programmer-
stellung u.v.m. in erfolgreicher Anwendung (Lit.IB1.1).

2 Anwendungsbereiche der ET-Technik

Zeitlich strukturierte, ablauforientierte Organisationen
(z.B. innerbetriebliche, programmiertechnische etc.) lassen sich mittels der ET-Technik vorzüglich dokumentieren,
was ausgehend von einer transparenten und prägnanten Dokumentation per se zu einer Systematisierung und schließlich zu einer Automatisierung der anfallenden Organisa-
tionsabläufe führt. Wogegen die Dokumentation und damit
die Systematisierung weitgehend (d.h. solange die zu do-
kumentierenden Abläufe eine gewisse Größe und Komplexität
nicht übersteigen) unabhängig vom Einsatz der EDV ist,
erfordert die Automatisierung der Organisation (per definitionem) maschinelle Sachmittel, datenverarbeitende
Sachmittel. Die Implementierung der ET-Technik auf mo-
dernen Datenverarbeitungsanlagen (DVA) ermöglicht die
maschinengerechte und dadurch die automatisch verarbeit-
bare Abbildung von Organisationsabläufen.

Man kann durchaus die Entscheidungstabellentechnik als
eine problemangepaßte, formale Sprache ansehen, mit der
die Umsetzung realer Organisationsprozesse in abstrakte,
modellhafte Software-Abläufe auf bestechend einfache und
elegante Weise gelingt; durch den sinnfälligen Formalismus der ET-Technik wird der Codieraufwand stark reduziert.
Die ET-Technik ist aufgrund ihrer speziellen Eigenheiten
außerordentlich gut zur Anwendung in sogenannten Mensch-
Maschine-Kommunikationssystemen geeignet, denn diese
Technik bleibt trotz der starken, maschinenbedingten Formalisierung für den menschlichen Anwender leicht ver-
ständlich. Die Eignung der ET-Technik in derartigen MMK-
Systemen kommt den Bestrebungen zur weitgehenden Automation von Organisationsprozessen entgegen und qualifiziert
dieselbe.

Die diversen Vorzüge der ET-Technik möchte ich folgendermaßen gliedern:

    1. Dokumentationsorientierte Qualitäten
       Transparenz der Entscheidungsituation
      (zweidimensionales Tabellenformat)
      - Revisionierbarkeit der Organisations -
        prozesse
      - "Motivierbarkeit" der Entscheidung
        (Dokumentation)
      - Sukzessive Anhäufung eines "Erfahrungs -
        schatzes"
      - günstiges "information retrieval"
      - kürzere Einarbeitungsphasen

    2. Verarbeitungsorientierte Qualitäten
       Konsistenz der dargestellten Entscheidungs-
       situation (2^n-Format)
      - Effektivierung der Organisation
        (Konsistenz)
      - Straffung der Organisation
        (Redundanz- und Widerspruchsfreiheit,
        Eindeutigkeit)
      - Irrtumsfreiheit der Entscheidung
        (Widerspruchsfreiheit und Vollständig-
        keit)
      - Entlastung des Managements
        (Systematisierung)
      - Entlastung des Menschen von jeglicher
        Routinearbeit   (Automatisierung)

Das ebene, einer Schreibfläche angepaßte, zweidimensionale Tabellenformat der Darstellung von Organisationsabläufen führt zu einer bestechenden Transparenz derselben,
wodurch die Revisionierbarkeit der Organisationsprozesse,
die Motivierbarkeit der getroffenen Entscheidung, das
"information retrieval" (soweit es die abgebildete Situation betrifft) und eventuelle Einarbeitungsphasen deutlich im günstigen Sinne beeinflußt. Die Revisionierbarkeit, die Rekonstruierbarkeit und Motivierbarkeit gefäll-
ter Entscheidungen zur Reflexion und zur Rechtfertigung
gegenüber Dritten bedeuten alleine eine immense Forderung
zu einer transparenten Dokumentation. Die dokumentierten,
in der zeitlichen Abfolge bereits vergangenen Ereignisse
ermöglichen (eben durch deren Dokumentation) die Reflexion über die kausalen Zusammenhängen zwischen den durch
die zurückliegende Entscheidung ausgelösten Aktionen und
den dadurch bewirkten Reaktionen. Hierdurch läßt sich
überprüfen, inwieweit der angestrebte Zielzustand erreicht ist; durch die Bezeichnung in voranstehendem Sinne
günstiger Entscheidungen bildet sich systematisch (sukzessiv) ein gewisser "Erfahrungsschatz". Entscheidungen,
die jedoch nur unzureichend dokumentiert sind, verringern
mit fortschreitender Zeit die Möglichkeit zur nachträg-
lichen Überprüfung des kausalen Erfolgszusammenhanges

zwischen Aktion und Reaktion (die Reaktion erst zeitigt
den Umsatz, Erlös, Gewinn etc., den Nutzen); gemachte,
positive Erfahrungen lassen sich nicht verwerten und aus
Fehlern kann keine Lehre gezogen werden.

Aufgrund der Transparenz verbessert sich außerdem noch
das Wiederauffinden dokumentierter Information (information retrieval) und dadurch verkürzen sich z.B. etwaige
Einarbeitungszeiten bei neu in die vorliegende Organisation einzuführenden Mitarbeitern.

Im wesentlichen führt das vollständige 2^n-Format der dargestellten Entscheidungssituation, von dem bei der Konstruktion der Entscheidungstabellen ausgegangen wird, zu
einer leicht überprüfbaren Konsistenz der Abbildung. Es
ergibt sich hierdurch die Möglichkeit zu einer Effekti-
vierung und Straffung der Organisation. Durch die Vermeidung von redundanten und widersprüchlichen Prozessen
werden Mehrarbeiten ausgeschlossen und durch die Eindeutigkeit der Entscheidungsregeln (EXOR-Verknüpfung) wird
die Mehrfachbearbeitung vermieden, außerdem wird aufgrund
der Widerspruchsfreiheit in jeder Einsatzphase sichergestellt, daß die zur Ausführung gelangenden Aktionen irr-
tumsfrei aus der Gesamtheit der möglichen Aktionen ausgewählt werden. Durch die Vollständigkeit wird die Reakti-
onsfähigkeit des ET-Systems in Bezug auf alle möglicherweise auftretenden, relevanten Entscheidungssituationen
gewährleistet.

Alle die soeben genannten Vorzüge zielen im wesentlichen
auf eine deutliche Entlastung des Managements (jeder
Stufe) ab. Durch eine Systematisierung der Organisations-
abläufe auf der Grundlage der ET-Technik lassen sich
Managementformen wie z.B. Management by Exception und
Management by Crisis vortrefflich realisieren, denn durch
den entsprechenden Einsatz von Entscheidungstabellen werden (leitende) Mitarbeiter von Routineaufgaben entlastet;
nur immer dann, wenn eine bestimmte zu treffende Entscheidung einer gewissen hierarchischen Stufe nicht zuge-
mutet werden kann, wird eine Entscheidungsgewalt auf den
dafür kompetenten Level delegiert. Steht für die Anwendung der ET-Technik darüberhinaus noch eine entsprechende
ausreichende EDV-Konfiguration zur Verfügung, dann läßt
sich die Systematisierung der Organisationsprozesse bis
zur Automatisierung derselben vorantreiben, so daß dann
der Mensch von jeglicher Routinearbeit befreit wird und
sich entsprechend seiner Qualifikation wichtigeren Aufgaben zuwenden kann.

Abschließend sei zusammenfassend bemerkt, daß der Einsatz
der ET-Technik die Dokumentation, die Systematisierung
und eventuell die in Frage kommende Automatisierung von
komplexen Organisationsabläufen begünstigend beeinflußt.

3 Ziel der Implementierungen

In dem in Abb. IB3.1 dargestellten, qualitativen Verlauf
ist auf der Abzisse der Automationsgrad und auf der Ordi-
nate der Erstellungs- und Verarbeitungsaufwand bei der
maschinellen Behandlung semantikbehafteter Probleme ange-
tragen.

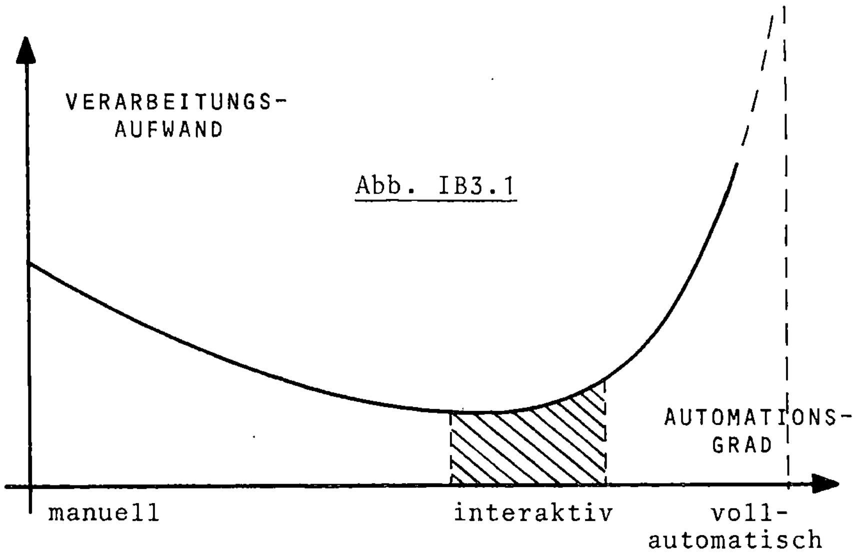

Der Aufwand gliedert sich grob in Erstellungs- und Verarbeitungsaufwand, hierin sind die Manpower, der Rechen-
zeit-, der Speicherraum-, der übrige Hardware- und der
Softwareaufwand - soweit sich eine solche Zusammenfassung
anstellen läßt - zusammengefaßt.

Verarbeitungsalgorithmen, in die umgangssprachlicher Text
mit eingeht - und das ist bei der Erstellung von Entscheidungstabellen unumgänglich der Fall -, haben das
Problem der Semantik zu bewältigen. Insbesondere ist es
bei der direkten Formulierung der stub, beim Aufstellen
der Elementar-ET, der Imposs-ET und der Implikation-ET
mit vertretbarem Rechneraufwand nicht möglich, diese Erstellungsphasen bis zur letzten Konsequenz zu automatisieren, da zuviele semantische Elemente in diesen Teil-
aufgaben enthalten sind. Und gerade hierbei kommt es auf
die in den formulierten Bedingungen und Aktionen enthalte-
ne Semantik wesentlich an, da sich dadurch die Eintragungen in den condition-entry und den action-entry bestim-

men, wodurch überhaupt erst die Entscheidungssituation
umfassend beschrieben werden kann.

Da sich nun die Semantik und die damit verbundenen
Schwierigkeiten nicht hinwegdiskutieren lassen und da
der Aufwand zur Problemlösung zu minimieren ist, empfiehlt es sich, einen Kompromiß einzugehen. Die interaktive Arbeitsweise ist nun jener Kompromiß, der ver-
heißt, die beiden konträren Aspekte zu vereinbaren. Es
wird nun im folgenden ein Mensch-Maschine-Kommunikations-
system erarbeitet, das einerseits alles Algorithmisierbare von der EDV-Anlage erledigen läßt, so daß der Mensch
von routinemäßigen Arbeiten frei gehalten wird und sich
ausschließlich den semantisch strittigen Fällen widmen
kann. Das angestrebte Ziel ist natürlich, ein Maximum
solcher Algorithmen zu definieren, damit die Maschine
zweifelsfrei den überwiegenden Anteil der Verarbeitung
dem Menschen abzunehmen vermag.

Beim interaktiven Rechnen müssen Zugeständnisse an die
Leistungsfähigkeit des Menschen gemacht werden, dergestalt, daß man z.B. bei der Erstellung der stub eine
übersichtliche Auflistung der bereits formulierten Bedingungen und Aktionen dem Anwender in jedem Zeitpunkt
der Erstellungsphase zur Verfügung stellt. Durch eine
sinnvoll organisierte Ein/Ausgabe lassen sich noch weitere Erleichterungen herbeiführen: durch mnemotechnische
Ausgaben kann der Bediener durch gezielte Fragen von
seiten der Anlage zu einer systematischen Vorgehensweise
angeleitet werden. Derartige Arbeitshilfen könnten so
weit perfektioniert werden, daß der Einsatz von weniger
qualifiziertem Personal (Hilfskräfte) ermöglich wird.

Durch das interaktive Rechnen ist zwar keine (Voll-)
Automatisierung, aber doch eine sinnvolle Systematisierung erreicht worden und der Verarbeitungsaufwand wird
unter den gegebenen Voraussetzungen minimiert; allerdings ist zu erwarten, daß sich der Grad der Automation
bei gleichbleibendem Aufwand mit der fortschreitenden
Rechnertechnik erhöht und damit gegen die Vollautomation
strebt.

Ziel der Implementierungen ist somit der Entwurf eines
interaktiv arbeitenden Mensch-Maschine-Kommunikations-
systemes, das den Menschen weitgehend von allem "Algo-
rithmisierbaren" entlastet und zur systematischen Formulierung des jeweils vorliegenden Entscheidungsproblems
(mnemotechnisch) anleitet. Die Eleganz, mit der letzten
Endes dieses System arbeitet, hängt entscheidend vom ge-
rätetechnischen Komfort der einsetzbaren DVA ab. Es
existieren Terminals (mit Bildschirmanzeige und/oder
Fernschreibmaschine), die einen annähernd idealen interaktiven (Dialog-)Verkehr mit der DVA zulassen. Aber auch
Anwender der ET-Technik, die nicht über eine derart kom-
fortable Geräteausstattung verfügen, sollten nicht auf

die Vorzüge, die ihnen die ET-Technik bieten könnte, verzichten müssen.

Aus diesem Grunde und weil man die diversen Ein/Ausgabe-Modalitäten nicht maschinenunabhängig und damit allgemeingültig abhandeln kann, will ich in dem vorliegenden Buch, obzwar hier eine interaktive Konzeption dargelegt wird, einen "Standard"-FORTRAN-ET-Generator, der im Batchbetrieb arbeitet, vorstellen. Dieser ET-Generator ist sehr wahrscheinlich weder rechenzeit- noch speicherplatzoptimal, er sollte vielmehr als ein Grobkonzept angesehen werden und als Basis zu einer entsprechenden Softwareerweiterung (in Richtung auf das interaktive Verfahren - soweit gerätetechnisch möglich) unter Berücksichtigung spezifischer Hardwareeigenheiten zum optimalen Einsatz im Hinblick auf Rechenzeit und Speicherplatzbelegung dienen. Der im Rahmen dieser Arbeit vorgestellte Generator ist (nach bestem Wissen und Gewissen) ausgetestet, ablauffähig und somit einsatzbereit.

Das hier angegebene Verfahren ist in dem Sinne noch ein wenig holperig, als es einigermaßen rechenzeitintensiv und wenig elegant in bezug auf die standardmäßige Ausgabe auf Schnelldrucker ist. Aufgrund der Konzeption ist eine Erweiterung auf eine größere Anzahl der zu berücksichtigenden Bedingungen und der auszuführenden Aktionen prinzipiell durchführbar, jedoch wird es mit zunehmendem "n" (Bedingungen) und "m" (Aktionen) immer zwingender, das Arbeiten mit Bändern und/oder Platten zu intensivieren (Zwischenspeicherung und Ausgabe auf diesen Speichermedien).

Die Ausgabe der endgültig erstellten ETs auf Drucker ist bereits für n = 20 (hier maximales "n") wegen des zu erwartenden Umfanges an Output sicherlich unangenehm, außerdem sollte die Entscheidungstabelle oder das generierte ET-System zur weiteren Verarbeitung auf günstigeren, internen Speichermedien (Band, Platte) abgeliefert und dort zugriffsbereit gespeichert werden. Programme, die dann anschließend das erstellte ET-System ansprechen und weiterverarbeiten, sind in dem vorliegenden ET-Generator YDTGEN nicht enthalten. Diesbezügliche Verfahren, die eine Erstellung derartiger Programme ermöglichen, sind in der einschlägigen Literatur in großer Zahl angegeben (flow-chart- and rule-mask-technique - siehe die Absätze IIE5 und IIE6).

4 Direkte und indirekte Methode

4.1 Die direkte Methode

Von Verhelst (Lit.IB4.1.1) ist mir die Unterscheidung zwischen der direkten und indirekten Methode zur Erstel-

lung von ETs geläufig. Die direkte Verfahrensweise zur
Konstruktion von Entscheidungstabellen geht so vor, daß
sie die ETs unmittelbar in ihrer endgültigen Form angibt.
Diese Methode ist der indirekten Erstellung dann vorzuziehen, wenn die vorliegende Entscheidungssituation verhältnismäßig simpel ist, d.h. nachfolgende Bedingungen
sollten erfüllt sein:

1. Die Anzahl der auftretenden Bedingungen ist klein .
   (maximal 3 oder 4 Bedingungen)

2. Viele Aktionen schließen sich gegenseitig aus .

3. Die Entscheidungssituation liegt in einer Form vor,
   die sich annähert an das 2^n-Format einer kompletten
   ET. (Zur Sicherung der Vollständigkeit)

Es versteht sich beinahe von selbst, daß die direkte Methode wenig Ansatzpunkte zu einer Automatisierung bietet.
Allerdings sollte an dieser Stelle deutlich darauf hingewiesen werden, daß im Rahmen der indirekten Erstellung
einzelne Tabellen (Elementar-ET, Imposs-ET, Implikation-
ET) auf direktem Wege konstruiert werden müssen; die besagten Tabellen werden interaktiv am Terminal entworfen
und dem Verarbeitungsalgorithmus als Input zur Verfügung
gestellt. Siehe hierzu Abschnitt IIB.

Alle Tabellen, die auf direktem Wege erstellt wurden,
müssen auf eventuelle Widersprüche und/oder Redundanzen
untersucht werden. Siehe hierzu Absatz IIB5.

4.2 Die indirekte Methode

Die Verhelst'schen Gedanken zur indirekten Methode sind
ganz allgemein die Grundlage dieser Arbeit. Die indirekte Erstellungsweise ermöglicht die Systematisierung der
Konstruktion von ETs und damit ergibt sich überhaupt
erst die Möglichkeit zur Handhabung umfangreicherer Entscheidungssituationen und Darstellung derselben mittels
der ET-Technik. Die indirekte Methode wird, wie bereits
angedeutet, bei der Behandlung größerer Probleme eingesetzt, da bei komplexeren Entscheidungssituationen für
den Anwender in der Regel der Überblick über die Gesamt-
situation nicht gegeben ist. Der Anwender ist demnach
gezwungen, die zu analysierende Situation schrittweise
zu erfassen und mittels der ET abzubilden. Hierin kommt
ihm die indirekte Methode entgegen und bietet ihm die
erforderliche Anleitung.

Da nun die indirekte Methode von den 2^n möglichen Fällen
einer zunächst kompletten ET ausgeht und da der Anwender
mit gewissen Einschränkungen (z.B. bei großem n) die
Möglichkeit hat, jede der 2^n Möglichkeiten zu überdenken,

ist im allgemeinen die Vollständigkeit der endgültigen
Tabelle automatisch sichergestellt.

Die konsequente Weiterführung des Gedankens der indirekten Methode ist die Projektion der indirekten Erstel-
lungsverfahren auf die EDV-Anlage, wodurch man zur interaktiven Konstruktion von ETs gelangt. Vorschläge zum
interaktiven Design von ETs befinden sich in ausführlicher und detailierter Form in dem Kapitel II der vorliegenden Arbeit.

C Einführung

1 Übersicht

Aus der nachstehenden Abbildung IC1.1 ist die Vorgehensweise ersichtlich, die der vorliegenden Arbeit den Rahmen
gab. In dieser Übersicht wurde der Versuch unternommen,
die interaktive Erstellung von Entscheidungstabellen
– unter gleichzeitigem Hinweis auf die jeweiligen Spezi-
alabschnitte – als geschlossenen Algorithmus darzustellen.

```
YACPAR  IID2.4    Action-part-Auffüllen
YANALY  IID2.3    Regel-Variationen ermitteln
YDASH   IIE1      Konsolidierungsprogramm
YDIGIT  IIE1.1    Ziffernzerlegung
YDISJN  IIB7.2    Widerspruchs- u. Redundanztest
YDTIPT  IIB6      INPUT-Programm
YDTOUT  IIE3.2    OUTPUT-Programm
YDTPRC  IID2      Decision-Table-Processor
YDTREC  IIB7      Steuerung für YDISJN
YDUAL   IID2.5    Dualzahlentwicklung
YLOWUP  IID2.1    Regel-Anwendungsbereich ermitteln
YSORT   IID2.2    Sortierprogramm
YSTUB   IIE3.1    Stub-Aufbereitung
```

```
YGENDT
  └─►YDTGEN
        ├─►YDTIPT ── YDASH ── YDIGIT
        │     ├──────────►YSTUB
        │     └──────────►YDTOUT ── YDIGIT
        ├─►YDTREC ──►YDISJN
        │     └──────────►YDTOUT ── YDIGIT
        └─►YDTPRC ──►YLOWUP
              ├──────────►YSORT
              ├──────────►YANALY
              ├──────────►YACPAR
              ├──────────►YDUAL
              ├──────────►YDASH ── YDIGIT
              └──────────►YDTOUT ── YDIGIT
```

Abb. IC1.1

Sämtliche Programme sind in ausführlicher Form im Anhang (siehe dort) wiedergegeben.

2 Definitionen und Begriffserklärungen

Entscheidung
Bisher war der Begriff der Entscheidung im weiteren Sinne zu verstehen, jetzt wollen wir ihn präzisieren und
enger fassen. Eine Entscheidung im vorliegenden Sinne
ist das Zutreffen und die Ausführung einer bestimmten
(Entscheidungs-) Regel.

Regel
Eine Regel besteht aus zwei Teilen: 1. dem Bedingungsteil (condition-part) und 2. dem Maßnahmeteil (action-
part).

Bedingungs- und Maßnahmeteil
Der Bedingunsteil gibt an, welche Bedingungen im einzelnen erfüllt sein müssen, bevor die Maßnahmen
(Aktionen) des Maßnahmeteils zur Ausführung gelangen
können.

Bedingung
Eine Bedingung ist eine vollständige (ETs mit eingeschränkten Eintragungen), logische Aussage, die entweder relevant oder irrelevant sein kann. Ist diese
logische Aussage relevant, dann hat sie entweder den
Wahrheitswert TRUE (YES, kurz: Y) oder den Wahrheitswert FALSE (NO, kurz: N). Da die verbale Formulierung
einer solchen Aussage im allgemeinen nicht semantik-
frei ist, wird es im praktischen Fall vonnöten sein,
diesen Bedingungen Restriktionen aufzuerlegen, um Eindeutigkeit und leichte Verarbeitbarkeit der umgangssprachlich formulierten Aussagen zu gewährleisten.
Hierzu siehe Abschnitt IIA.

Maßnahme
Eine Aktion ist eine vollständige (ETs mit eingeschränkten Eintragungen), verbal formulierte Aktivität, die bei Erfüllung des dazugehörigen Bedingungs-
teils zusammen mit den anderen auszuführenden Aktionen desselben Maßnahmeteils realisiert werden. Nicht-
auszuführende Aktionen sind dergestalt gekennzeichnet, daß in der angesprochenen Regel die besagte
Aktion keine Eintragung besitzt, wogegen eine auszuführende Aktion an der gleichen Stelle z.B. ein Kreuz
vorweisen würde.

Bedingung und Maßnahmen
sind die Atome einer Entscheidungstabelle.

Entscheidungstabelle (ET)
Der herkömmliche, schematische Aufbau einer ET wird
in Abb. IC2.1 dargestellt.

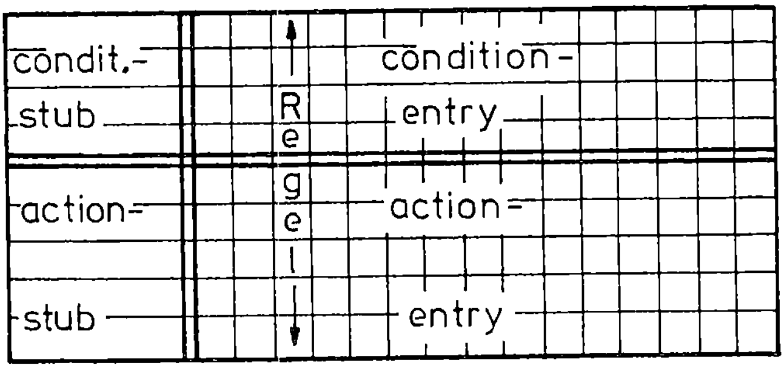

condit.-
stub
Regel
action-
stub
condition-
entry
action-
entry

Abb. IC2,1

Aus rechentechnischen Erwägungen empfiehlt es sich,
von dem herkömmlichen Format abzuweichen.

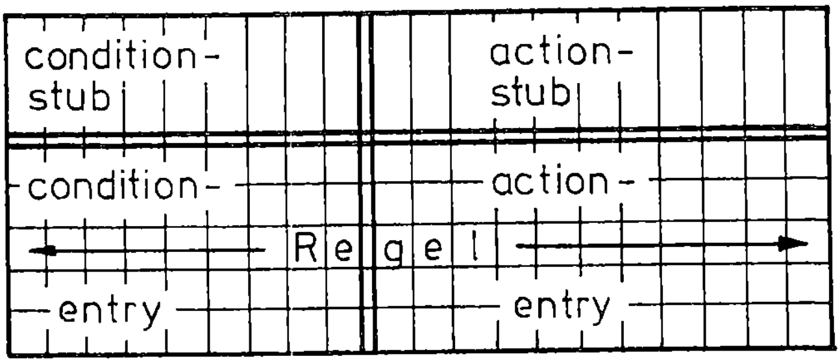

condition-
stub
action-
stub
condition-
action-
Regel
entry
entry

Stub (Bezeichner)
In Ermangelung eines aussagekräftigen, deutschen Terminus technicus für das pregnante, englische Wort
'stub' (und 'entry') möchte ich diese Vokabel(n) in
meiner Arbeit übernehmen. Diese Bemerkung ist in allen
Fällen zutreffend, in welchen ich die einschlägigen,
englischsprachigen Ausdrücke den weniger eleganten,
deutschen Wortgebilden vorziehe.
Eine ET besitzt im allgemeinen zwei stubs: den condition-stub und den action-stub.

Condition-stub (Bezeichner der Bedingungen)
Im condition-stub sind alle langschriftlichen, umgangssprachlichen Formulierungen der diversen Bedingungen
aufgelistet.

Action-stub (Bezeichner der Aktionen)
Im action-stub sind alle langschriftlichen, umgangs-
Formulierungen der einzelnen Aktionen aufgelistet.

Neben dem stub-part gibt es in einer ET einen entry-
part.

Entry-part (Anzeigerteil)
Der entry-part zerfällt in die einzelnen Regelspalten.
Die Eintragungen (entry) in diesen Spalten werden fol-
gendermaßen vereinbart:

Condition-entry (Bedingungs-Anzeiger)
Der condition-entry ist die Menge aller condition-
parts der einzelnen Regeln. Im condition-part jeder
Regel können als Eintragung die Symbole "Y" (YES, 1),
"N" (NO, 0) und "-" (dash, 2) auftreten. Nach der Art
der Eintragungen werden die Regeln unterschieden in
einfache (simple rule) oder komplexe Regeln (complex
rule).

Einfache Regel (Fall)
Eine einfache Regel ist eine Regel, die in ihrem
condition-part ausschließlich relevante Eintragungen
aufweist, d.h., daß eine solche Regel in ihrem Bedingungsteil nur die Symbole "Y" und "N" haben darf.

Komplexe Regel (Regel)
Eine komplexe Regel ist eine Regel, die in ihrem
condition-part neben "Y" und "N" auch die Eintragung
"-" hat. Ein derartiger dash besagt, daß die dazugehörige Bedingung keinen Einfluß auf das Erfülltsein
oder Nichterfülltsein der Regel besitzt. Dieser dash
(don't care) ist gleichbedeutend mit "Y" und "N".
Demnach kann man eine komplexe Regel in mehrere einfache Regeln aufspalten und umgekehrt kann man unter
gewissen Bedingungen zwei einfache Regeln zu einer
komplexen Regel zusammenfassen und dadurch den Umfang
einer ET vermindern. Siehe hierzu Abb. IC2.2 und Absatz IIE1. Siehe auch unter 'Variation'.

	R_1	R_2
Bedingung 1	N	N
Bedingung 2	Y	Y
Bedingung 3	Y	Y
Bedingung 4	Y	N
Aktion 1		
Aktion 2	X	X

	R
Bedingung 1	N
Bedingung 2	Y
Bedingung 3	Y
Bedingung 4	-
Aktion 1	
Aktion 2	X

Abb. IC2.2

Diese Klassifikation der Regeln in einfache und komplexe Regeln hat nur dann einen Sinn, solange man sich
mit Regeln mit eingeschränkten Eintragungen (limited
entry) befaßt. Geht man über zu Regeln mit erweiterten
Eintragungen (extended entry), dann verlieren die obigen
Unterscheidungen bezüglich einfacher und komplexer Regeln ihre Sinnfälligkeit.

Regeln mit eingeschränkten Eintragungen

Regeln mit eingeschränkten Eintragungen sind Regeln, die
in ihrem condition-part lediglich die Symbole "Y", "N"
und "-" aufweisen.

Regeln mit erweiterten Eintragungen
Regeln mit erweiterten Eintragungen heißen die Regeln,
die in ihrem condition-part Eintragungen besitzen, die
über die elementaren Symbole "Y", "N" und "-" hinausgehen
(extended condition entry). Erweiterte Eintragungen können bei derartigen Regeln auch in deren action-part
auftreten, d.h., daß die Eintragungen im Maßnahmeteil von
den elementaren Symbolen "X" und "blank" abweichen
(extended action entry).

Extended Condition-Entry
Die erweiterten Eintragungen sind als verifizierte Werte
einer im dazugehörigen Stubeintrag formulierten Variablen
zu verstehen. Der Stubeintrag ist nich vollständig spezifiziert; es handelt sich bei diesen Formulierungen
nicht um Aussagen, die die beiden Wahrheitswerte YES oder
NO annehmen könnten. Eine logische Bewertung der Bedingung ist erst dann möglich, wenn man den unvollständigen
Stubeintrag und die erweiterte Eintragung im condition-
part zusammen betrachtet.

Extended Action-Entry
Erweiterte Eintragungen im action-part sind sinngemäß
wie bei den extended condition entries dazu angetan,
unvollständige Formulierungen des action-stub dahingehend zu ergänzen, daß eine sinnvolle, ausführbare
Aktion spezifiziert wird.

Der Übergang zu erweiterten Eintragungen bringt eine Ver-
kürzung der stubs mit sich, was im Hinblick auf die
Überschaubarkeit einer ET durchaus wünschenswert und
erstrebenswert wäre. Jedoch verhindern (oder erschweren
zumindest) erweiterte Eintragungen die automatische Verarbeitung von Entscheidungstabellen.

Entscheidungstabellen mit gemischten Eintragungen
ETs mit gemischten Eintragungen sind Tabellen, die sowohl eingeschränkte, wie auch erweiterte Eintragungen
vorweisen. Ein Beispiel aus (Lit.IB4.1.1) zeigt eine
solche ET mit gemischten Eintragungen in Abb. IC2.3.

Jede ET mit erweiterten oder gemischten Eintragungen kann
auf eine ET mit eingeschränkten Eintragungen zurückge-
führt werden, wodurch zwar die stubs aufgebläht werden,
wodurch aber auch die algorithmische Verarbeitung dieser
Tabellen möglich wird. Siehe hierzu Abschnitt IIIA.

Soviel über condition-entry....

Action-Entry (Aktionsanzeiger)
Im action-part einer jeden einzelnen Regel können als
Eintragung die Symbole "X" und "blank" erscheinen, sofern es sich hierbei um einen limited action entry handelt. "X" bedeutet, daß die entsprechende Aktion bei
Zutreffen des condition-entry der vorliegenden Regel
ausgeführt werden soll. "blank" besagt, daß die Ausführung der dazugehörigen Aktion bei Zutreffen des
condition-entry der vorliegenden Regel unterbleibt.

Extended action entry (siehe dort)
Außerdem siehe hierzu die Abb. IC2.3.

	R_1	R_2	R_3	R_4	R_5
Kunde ist Groß-händler	Y	Y	Y	Y	Y
Bestellmenge	<10	$\geqq 10$ <15	$\geqq 10$ <15	>15	>15
Entfernung in km	-	<50	>50	<100	>100
Rabatt	-	0.10	0.05	0.15	0.10
Nettopreis	Brutto preis x Ra-batt	Brutto preis x Ra-batt	Brutto preis x Ra-batt	Brutto preis x Ra-batt	Brutto preis x Ra-batt
Got to 'Rechnungs-Erstellung'	X	X	X	X	X

Elementar-Regel
Eine Elementar-Regel (elementary-rule) ist eine elementare Verfahrensvorschrift, die für einen gewissen Teil des
relevanten Bereichs einer Entscheidungssituation die
auszuführenden Aktionen festlegt. Es wird also eine
Regel als Input für YDTIPT (siehe Absatz IIB6) vorgegeben,
die zu einer (meist komplexen) Bedingungskombination die
korrespondierende Aktionenkette angibt.

Im Gegensatz zu Verhelst schreibe ich eine Elementar-Regel nicht primär als boole'schen Ausdruck, sondern kon-
sequenterweise als (meist komplexe) Regel. Diese Elementar-Regeln werden dann in einer Elementar-Tabelle
(Elementar-ET) zusammengefaßt. Siehe hierzu auch Abschnitt
IIB.

Impossibilität
Eine Impossibilität (impossibility) definiere ich ebenfalls abweichend von Verhelst als (meist komplexe) Regel
mit leerem action-part. Dem Sinne nach stellen Impossibi-

litäten Bedingungskombinationen dar, die unmöglich sind.
"Unmöglich" bedeutet in diesem Zusammenhang, daß sich
einzelne Bedingungen eines condition-part gegenseitig
ausschließen. Siehe hierzu auch das Beispiel aus (Lit.
IB4.1.1) in nachfolgender Abb. IC2.4..

	1	2	3	4
jünger als 20	Y	Y	N	N*
älter als 60	Y	N*	N	Y
action 1			X	X
action 2	Imp.	X		

Die Impossibilitäten werden in einer Impossibilitäten-
Tabelle (Imposs-ET) zusammengefaßt. Siehe außerdem Abschnitt IIB.

Else-Regel
Unter der Bezeichnung 'Else-Regel' versteht man gelegentlich zweierlei. Um diese sprachliche Mehrdeutigkeit zu
beseitigen, möchte ich folgendes bemerken: Man kann (in
diesem Zusammenhang) zwischen zwei Arten von endgültigen
ETs (siehe dort) unterscheiden: die ETs mit Else-Regel
und diejenigen ohne eine solche Regel. Wird auf eine
solche Differenzierung der ETs Bezug genommen, dann faßt
die Else-Regel (Else-rule) alle nichtrelevanten der 2^n
möglichen Fälle in sich zusammen. Ihr condition-part
ist in diesem Falle leer und ihr action-part gibt gewissermaßen die alternative Verhaltensvorschrift zu den
relevanten Bedingungskombinationen an. Die Else-Regel
einer vollständigen ET enthält nur die impossiblen und
die echt irrelevanten Fälle. Versteckte relevante Bedingungskombinationen müßten durch einen Vollständigkeitstest zuvor von den reinen Else-Fällen (Else-cases)
separiert werden.

Zusammenfassend kann man sagen, daß, wenn der Terminus
'Else-Regel' in diesem Zusammenhang gebraucht wird, damit zur Abgrenzung gegenüber den relevanten Regeln einer
ET die in einer einzigen Regel zusammengefaßte Gesamtheit der nicht näher kategorisierten, nichtrelevanten
Bedingungskombinationen gemeint ist. ETs mit einer
solchen Else-Regel werden in dem vorliegenden Buch nicht
behandelt. Der hier verwendete Begriff der Else-Regel
bezeichnet eine von vornherein als irrelevant erkannte
Bedingungskombination, die als Input zur formalen Erfassung der jeweiligen Entscheidungssituation dem ET-Generator vorgegeben wird. Derartige Else-Regeln sind Bedingungskombinationen und werden sinnvollerweise in eine
gesonderte Tabelle eingetragen (Else-ET). Diese Else-ET

besitzt plausiblerweise einen leeren action-entry.

Elementar-Regeln, Impossibilitäten und Else-Regeln
dienen als (mehr oder minder) grobe (vorläufige) Darstellung der betreffenden Entscheidungssituation und
bilden den fundamentalen Input des ET-Generators YDTGEN.

Implikation
Eine Implikation (implication) liegt dann vor, wenn sich
einzelne Bedingungen einer Regel implizieren. Siehe
hierzu Abb. IC2.4. Implikationen werden in einer ET mit
einfachen Regeln durch anbringen zusätzlicher Sterne
neben den Symbolen "Y" und "N" gekennzeichnet (starring).
Auch die Implikationen lassen sich vorteilhaft in einer
eigenen Tabelle zusammenfassen. Siehe hierzu Absatz IIE2.

Abhängige Regeln, Redundanzen und Widersprüche
Zwei Regeln heißen genau dann abhängig voneinander, wenn
in diesen beiden Regeln keine Bedingung gefunden werden
kann, die in der einen Regel ein YES und in der anderen
Regel ein NO vorweist. Siehe Absatz IIB5 über den Re-
dundanz- und Widerspruchstest.

Komplette Entscheidungstabelle
Eine ET mit n Bedingungen führt zu 2^n möglichen, einfachen Regeln. Eine komplette Entscheidungstabelle ist
eine ET (im allgemeinen ohne näher spezifizierten
action-entry) mit n Bedingungen und m Aktionen in den
beiden stubs und einem mit allen 2^n möglichen Bedingungskombinationen aufgefüllten condition-entry. Meistens
sind diese Kombinationen entsprechend dem 8-4-2-1 Binär-
code aufsteigend von Null bis 2^n-1 geordnet.

Vollständige Entscheidungstabelle
Eine vollständige Entscheidungstabelle ist eine ET, von
der man sicher sein kann, daß sie allen relevanten, in
der Praxis auftretenden Bedingungskombinationen, jeweils
eine sinnvolle Ausführungs-(Verhaltens-)vorschrift zuzu-
ordnen vermag. Siehe hierzu Absatz IIC2. Der Begriff
der vollständigen ET ist nicht zu verwechseln mit der
Bezeichnung 'komplette ET'.

Endgültige Entscheidungstabelle
Eine endgültige Entscheidungstabelle ist eine ET, die
soweit aufbereitet ist, daß sie sich zur Codierung
eignet. Siehe hierzu Absatz IIE4.

Elementar-ET
Eine Elementar-ET ist die Zusammenfassung der Elementar-
Regeln (siehe dort) in einer ET und dient als Eingabe
für YDTIPT.

Imposs-ET
Die Imposs-ET ist die Zusammenfassung aller Impossibilitäten (siehe dort) in einer ET. Die Imposs-ET besitzt

einen leeren action-entry. Sie dient als Input für
YDTIPT.

ELSE-ET
Die ELSE-ET ist die Zusammenfassung aller von vornherein
als irrelevant erkannten Bedingungskombinationen. Auch
ihr action-entry ist leer. Die Else-ET dient als Eingabe
für YDTIPT.

Implikation-ET
Die Implikation-ET ist die Zusammenfassung aller Implikationen (siehe dort) in einer ET. Die Implikation-ET
besitzt ähnlich wie die Imposs-ET einen leeren action-
entry. Die Implikation-ET dient als Input zur starring-
Phase (siehe Absatz IIE2).

Eindeutige ET
In der vorliegenden Arbeit werden ausschließlich eindeutige ETs zur Konzipierung der interaktiven Erstellung
von Entscheidungstabellen berücksichtigt. Eindeutige ETs
sind deratig angelegt, daß zwischen den einzelnen Regeln
exclusive ODER-Verknüpfungen (EXOR-Verknüpfung) gelten.
Das hat zur Folge, daß beim Einsatz solcher ETs jeder
auftretende Entscheidungsfall (siehe Absatz IIE6 -
Eingangsvektor) nur genau eine einzige Regel anspricht.
Siehe auch im Gegensatz hierzu unter 'Mehrdeutige ET'.

Mehrdeutige ET
Eine Mehrdeutige ET bestitzt nicht die starre EXOR-Verknüpfung zwischen den einzelnen Regeln und es kann deswegen eintreten, daß gewisse Eingangsvektoren mehrere
Regeln ansprechen und somit die Ausführung mehrerer
action-parts bewirken. Diese Ausführung mehrerer action-
parts kann, wenn sie unerwünscht ist, durch eine entsprechende Parametrisierung (FIRST, LAST, etc.) unter-
bunden werden. In einem solchen Fall wird die erste
(FIRST) oder die letzte (LAST) zutreffende Regel ausgeführt. Hat der Parameter den Wert ALL, dann werden alle
zutreffenden Regeln nacheinander berücksichtigt. Die Erstellung von mehrdeutigen ETs (nach der direkten Methode)
entspricht dem natürlichen Denkvorgang eher als die Formulierung eindeutiger ETs, da der komplizierende Zwang
zur Konstruktion 'eindeutiger' Regeln entfällt. Eine
mehrdeutige ET besitzt im allgemeinen auch weniger relevante Eintragungen als eine eindeutige ET, wodurch
die Überschaubarkeit der dargestellten Entscheidungssituation zunimmt. Die Konsistenz ist bei mehrdeutigen
ETs jedoch nicht so systematisch überprüfbar, wie das
bei eindeutigen ETs der Fall ist. Da die mehrdeutigen
ETs die strenge und einfache Systematik der eindeutigen
ETs zum Teil auflösen, ist zu erwarten, daß die Algorithmen zur Handhabe der mehrdeutigen ETs komplexer
werden. Abschließend sei bemerkt, daß man zwischen forma-
ler und funktioneller Mehrdeutigkeit zu unterscheiden

hat, wie das Beispiel der Konsolidierung zeigt (siehe
Absatz IIE1). Siehe Absatz IIIB2.

Eindimensionale ET
Eine eindimensionale ET besitzt genau einen condition-
stub. Das Konzept der vorliegenden Arbeit beschränkt
sich auf die Berücksichtigung eindimensionaler ETs.

Mehrdimensionale ET
Eine n-dimensionale ET besitzt genau n condition-stubs,
die miteinander verknüpft sind. (Siehe Absatz IIIA2).

Splitting (Zergliederung)
Unter Splitting verstehe ich die Zergliederung einer zu
großen ET in kleinere Untertabellen (subtables). Siehe
hierzu Abschnitt IIC.

Coupling
Unter Coupling verstehe ich das strukturierende Anein-
anderhängen mehrerer ETS (meist subtables nach dem
Splitting). Siehe Abschnitt IIC.

Variation
Die Variation einer komplexen Regel R_k - Var (R_k) -

ist die Aufgliederung dieser Regel in alle sie enthal-
tenden einfachen Regeln (siehe Unterabsatz IID2.3).

Dashing (Konsolidierung)
Unter Dashing verstehe ich das Zusammenfügen jeweils
zweier geeigneter (dashable; Einsübergang) Regeln zu
einer Regel. Siehe hierzu Absatz IIE1. Das Dashing kann
im gewissen Sinn als die Umkehroperation zur Variation
aufgefaßt werden.

Starring
Unter Starring verstehe ich die Kenntlichmachung der
Implikationen einer ET durch Sterne (*). Siehe hierzu
Absatz IIE2.

Direkte und indirekte Methode
Siehe hierzu Absatz IB4. Die indirekte Methode zur Er-
stellung von Entscheidungstabellen (Lit.IB4.1.1) ist die
Basis zur interaktiven Konstruktion von ETs in dieser
Arbeit.

3 Schlußweise und Beweisführung

Behauptungen sollten prinzipiell bewiesen werden, damit
man sie unter den gemachten Voraussetzungen als allge-
meingültige Aussagen erachten kann.

Die drei klassischen Beweisverfahren der Mathematik
(direkt, indirekt, induktiv) sind im Zusammenhang mit
den in dieser Arbeit ausgesprochenen Behauptungen nicht
selten nur mit äußerst wenig Erfolg einsetzbar. Die
direkte Beweismethode scheidet häufig wegen der erdrük-
kenden Vielfalt der durchzuführenden Fallunterscheidun-
gen von vornherein aus. Die indirekte Vorgehensweise
ist deswegen kaum anwendbar, da sich ebenfalls wegen der
Fülle der Möglichkeiten nicht so ohneweiteres das logische Gegenteil formulieren läßt. Probleme, die sich
eventuell rein induktiv behandeln ließen, haben sich
bisher explizit noch nicht ergeben; es ist durchaus
denkbar, daß man die induktive Schlußweise in einzelnen
speziellen Fällen anwenden könnte.

Es ist in allen Fällen möglich, durch Einengung der Voraussetzungen auf eine einzigen Spezialfall zu mathema-
tisch einwandfreien Aussagen zu gelangen; jedoch die Ver-
allgemeinerung solcher Einzelfälle ist nicht praktizier-
bar, da im allgemeinen Fall zum Vorteil des Rechenauf-
wandes der strukturelle Aufbau der verschiedenen Tabellen (Elementar-ET, Imposs-ET und Else-ET) in die
Algorithmen eingearbeitet wurde.

Ein jeder Algorithmus oder eine Behauptung allgemein
kann durch die Angabe eines Gegenbeispiels widerlegt
werden. Das bedeutet, daß die Behauptung in der geäußer-
ten Form nicht zutrifft und daß eventuell die Voraussetzungen geändert (eingeschränkt oder erweitert) werden
müssen. Läßt sich kein Gegenbeispiel erbringen, so heißt
das allerdings nicht, daß die Behauptung stichhaltig ist.
Jedoch werde ich in solchen Fällen die Plausibilität
der angestellten Behauptung unter allen Vorbehalten zu
erhärten versuchen und anschließend die (nicht streng
bewiesene) Aussage der allgemeinen Diskussion anheim-
stellen.

Die Effektivität der einzelnen Algorithmen läßt sich in
Zweifelsfällen auch durch Messungen der Rechenzeit und
der Speicherplatzbelegung nachweisen. Dabei ist zu beachten, daß genügend viele Messungen angestellt werden,
damit das Ergebnis im statistischem Sinne repräsentativ
ist (mehrere Eingabe-Datensätze).

Um die Güte eines Verfahrens zu beurteilen, ist es uner-

läßlich, dessen sinnfällige Praktikabilität und leichte
Handhabung zu kontrollieren, das bedeutet z.B., daß bei
interaktivem Rechnen nur das absolut logische Minimum
an Input dem Rechner durch den Anwender vorgegeben werden sollte. Die Eingabe-Konventionen sollten anwendungs-
spezifisch konzipiert werden und damit dem Anwender ein
Optimum an Komfort und Bequemlichkeit bieten.

II Konzept eines interaktiven ET-Generators

A Erstellung der stub-Beispiele

1 Allgemeine stub-Formulierungen

Die "indirekte Methode" zur Konstruktion von Entscheidungstabellen (Lit.IB4.1.1), die in diesem und den nachfolgenden Abschnitten eingehender beschrieben wird,
stellt ein einigermaßen systematisches Verfahren zur Erfassung komplexer Entscheidungssituationen dar. Die indirekte Methode beginnt mit der Auflistung aller auftretenden Bedingungen und Aktionen voneinander getrennt und
nach gewissen, noch zu diskutierenden Gesichtspunkten
sortiert.

Bei den Überlegungen zur Erstellung der stub handelt es
sich durchweg um Diskussionsbeiträge, die jedoch durchaus im Einzelfall brauchbare Hinweise auf künftige Vorgehensweisen geben können.

In den letzten beiden Abschnitten dieses Kapitels möchte
ich die von mir herangezogenen Beispiele einführen. Das
erste Beispiel ist ungleich einfacher als das zweite und
stammt aus der Schrift von Verhelst (Lit.IB4.1.1); es
behandelt eine Prämienverteilung bei der Lohnabrechnung.
Das andere Beispiel ist erheblich komplexer und beschreibt die Vorgänge einer Arbeitszeitverrechnung bei
Gleitzeitarbeit.

2 Erstellung des condition-stub

Der Erstellung des condition-stub liegt der Bedingungs-
begriff aus Absatz IC2 zugrunde, der sich ausschließlich
auf vollständig formulierte Bedingungen bezieht und somit die Darstellungen zum Aufbau der stub auf Entscheidungstabellen mit eingeschränkten Eintragungen einengt.
Über die diesbezügliche Vorgehensweise bei Tabellen mit
erweiterten Eintragungen siehe Abschnitt IIIA.

Das Kernproblem bei der Erstellung der stub ist die Handhabung von umgangssprachlichem Text, denn die zu bear-
beitende Entscheidungssituation wird in der überwiegenden Zahl der Fälle verbal in irgendeiner Form vorgegeben
sein. Folgende Möglichkeiten liegen auf der Hand: die
Entscheidungssituation ist in einem Vertrag, Gesetz oder
dergleichen schriftlich fixiert; ein Interview wurde auf
Tonband aufgezeichnet; ein Protokoll liegt vor, das im
Anschluß an eine umfassende Systemanalyse angefertigt

worden ist u.v.m.. Wenn man den Bereich der Organisation
verläßt, dann kann man als Beispiele zur Formulierung
von Bedingungen und Aktionen die (formale) Sprache der
mathematischen Aussagenlogik (Junktor, Generalisator,
Partikularisator etc.), die Darstellung von Aktionen mittels mathematischer Formeln oder die Angabe von conditions und actions in formalisierten Programmiersprachen
zur Beschreibung irgendwelcher Datenflüsse und Programm-
steuerungen anführen.

Die zuletzt genannte Gruppe zur Formulierung der stub
ist im Gegensatz zu den Anwendungen aus dem betrieblichen, organisatorischen Bereich frei von dem verunsi-
chernden Moment einer Semantik, die aus der Umgangssprache und den damit verwobenen Denkstrukturen herrührt.

Um dem Problem der Semantik entgegenzutreten, bieten sich
zwei allerdings gegenstreitige Verfahrensweisen an: Einerseits könnte man die Erstellung der stub manuell durch
einen Menschen (am Schreibtisch, mit einem Blatt Papier)
erledigen lassen, der die Semantik der Umgangssprache be-
herrscht oder wenn man sich in den Genuß einer automatischen Erstellung bringen will, ist man gezwungen, den Formulierungen einengende Restriktionen aufzuerlegen, um die
Eindeutigkeit der umgangssprachlich vorgegebenen Bedingungen oder Aktionen sicherzustellen. Zunächst möchte ich
einige Betrachtungen zum manuellen Verfahren anstellen und
dann anschließend näher auf die besagten Restriktionen im
Zusammenhang mit einer automatischen Verarbeitung eingehen.

Bei manueller Erstellung der stub wird man so vorgehen,
daß man zuerst einmal alle die Entscheidungssituation beschreibenden Bedingungen und Aktionen in wahlloser Reihenfolge herausschreibt. Liegt eine komplexere Situation vor,
so ist man bereits in dieser elementaren Erstellungsphase
gezwungen, je nach Art des vorliegenden Falls sinnvolle
Gliederungen in der Niederschrift einzufügen, um überhaupt
eine einigermaßen überschaubare Dokumentation bewerkstel-
ligen zu können. Man kann sich jedoch auch durchaus auf
den Standpunkt stellen, daß man besser die Niederschrift
in ungeordneter Reihenfolge und die Gliederung der Formulierungen in zwei getrennte, aufeinanderfolgende Arbeits-
gänge aufspaltet, um etwas mehr Systematik in das Verfahren zu bringen. Nachdem dann gewissermaßen der Urtext abgefaßt worden ist, kann man darangehen, die einzelnen im
Text enthaltenen Bedingungen und Aktionen gesondert zu
erfassen. Dazu wird man vielleicht die anfallenden Bedingungen und Aktionen in der Niederschrift zunächst einmal
andersfarbig unterstreichen, um sie dann leichter heraus-
schreiben zu können. Nun ist eine Liste der Bedingungen
und Aktionen vorhanden.

Es hat seinen Grund, warum stets die Behandlung der Konditionen den Betrachtungen der Aktionen vorgezogen wird:

die indirekte Methode zur Konstruktion von Entscheidungstabellen fordert bedingungsorientierte Entscheidungstabellen. Unter bedingungsorientierten ETs verstehe ich Tabellen, denen folgender Gedankenansatz zugrunde liegt:
Welche Aktionen müssen ausgeführt werden, wenn eine bestimmte Bedingungskombination gegeben ist ? Diese Fragestellung bereitet den Weg zu einem kompletten condition
entry, aufgrund dessen durch Anwendung der indirekten
Methode (Verhelst) eine gewisse Sicherung der Vollständigkeit (siehe Absatz IlC2) der zu bearbeitenden ETs
erreicht wird.

Die manuelle Erstellung des condition-stub wird nun
zweckmäßigerweise so fortgesetzt, daß man die Liste der
Bedingungen im folgenden eingehend studiert und dabei
versucht, jeweils mehrere sinnverwandte Bedingungen in
Gruppen zusammenzufassen. Diese Gruppeneinteilung ist in
vielen Fällen nicht einfach durchzuführen, da für eine
sinnvolle Strukturierung in der Regel zahlreiche, zum
Teil gegenläufige Argumente miteinander in Einklang zu
bringen sind; daraus resultiert eine Vielzahl von möglichen Spielarten, zumal die gesamte Gruppeneinteilung
selbstredend von dem vorliegenden Anwendungsbeispiel unmittelbar abhängig ist. Eine gelungene Gruppeneinteilung
verbessert die Überschaubarkeit der Menge der anfallenden
Bedingungen und zweitens kann versucht werden, sie beim
Splitting (Abschnitt IIC) mit Erfolg auszunutzen.

Das Sortieren der Bedingungen kann nach irgendwelchen
vom Problem vorgegebenen Gesichtspunkten innerhalb der
jeweiligen Gruppen weiter vorangetrieben werden. Ist die
Umordnung der Konditionen soweit zunächst abgeschlossen,
kann man damit beginnen, die einzelnen Gruppen zu untersuchen, mit dem Ziel, Vereinfachungen durchzuführen.
Vereinfachung in diesem Sinne ist z.B. die Eliminierung
doppelt auftretender Bedingungen. Dabei ist jedoch zu
beachten, daß nicht nur die im Wortlaut wiederkehrenden
Bedingungen zu streichen sind, sondern auch solche, die
sich in ihrer sinngemäßen Bedeutung wiederholen. Weitere
Vereinfachungen lassen sich dadurch anbringen, daß man
Bedingungen, die jeweils nur gemeinsam auftreten können,
zu einer Bedingung zusammenfügt.

Diese Vorschläge zur Vereinfachung bezogen sich bisher
nur auf Bedingungen einer Gruppe. Entsprechende Gedanken
zur Vereinfachung lassen sich auch dann anstellen, wenn
man Bedingungen verschiedener Gruppen zueinander in Beziehung setzt und miteinander vergleicht.

Die Anzahl n der Bedingungen bestimmt, da wir es mit bedingungsorientierten Tabellen zu tun haben, die Menge der
überhaupt möglichen Bedingungskombinationen zu 2^n Fällen
(zweiwertige Logik). Werden nun bei der Erstellung des
condition-stub (im allgemeinen Fall) s Bedingungen vergessen, so fallen $2^{n+s}-2^n$ Fälle unter den Tisch. Ist ein

derartiges Versäumnis bei der Konstruktion des condition-
stub eingetreten, so kann das im weiteren Verlauf der
Verarbeitung nicht mehr repariert werden, weswegen es in
solch einem Fall wenig Sinn hat, von der Vollständigkeit
der beschriebenen Entscheidungssituation zu sprechen; die
Vollständigkeit ist nicht gegeben.

Zur Sicherstellung, daß alle zur eindeutigen und vollständigen Darstellung einer Entscheidungssituation nöti-
gen Bedingungen berücksichtigt wurden, gibt es kein all-
gemeingültiges Rezept. Erstes Gebot in dieser Hinsicht
ist eine mit größter Sorgfalt durchgeführte Systemanalyse. Hierbei ist es jedoch ungeheuer wichtig, daß der
Analytiker die Relevanz jeder einzelnen Bedingung einzu-
schätzen vermag, damit Bedingungen von vorneherein ausgeschlossen werden können, deren Bezüge zur Entscheidungssituation zwar vorhanden, aber unerheblich sind.

Obwohl derartige Abwägungen in das Vorfeld der Systemanalyse gehören, haben sie doch - wie man leicht einzu-
sehen vermag - einen wesentlichen Einfluß auf die nachfolgende Konstruktion der Entscheidungstabelle. Eine
weitere Möglichkeit, um das Vergessen von Bedingungen
einzuschränken, ist folgende: jede Bedingung ist dahingehend zu überdenken, ob man durch entsprechende Abwand-
lung derselben auf irgendwelche sinnvolle Bedingungs-
derivate geführt wird. Siehe hierzu die beiden untenstehenden Beispiele:

Beispiel IIA2.1

condition
____

a größer b   ist vorhanden.
                              Die Bedingung "a kleiner gleich b"
- - - - - - - - - - - -ist das logische Gegenteil der vor-
                              handenen Bedingung und brauchte
                              deshalb nicht explizit gegeben zu
                              werden.

                              Wollte man jedoch noch eine Unter-
                              scheidung zwischen "a kleiner b"
                              und "a gleich b" treffen, so ist
a kleiner b   es unumgänglich, mindestens eine
    oder   der beiden Bedingungen in den con-
a gleich b   dition - stub aufzunehmen.

____

Beispiel IIA2.2

Ist eine Bedingung derart formuliert, daß eine Variable V
verschiedene Werte annehmen kann, so muß geprüft werden,
ob die vorhandenen Realisierungen von V die einzigen in

der Entscheidungssituation vorkommenden sind.

condition

```
──────────────────────────────

V = O
V = 1                        Diese Realisationen der
V = 8                        Variable V sind vorhanden.
V = 9
──────────────────────────────


.
.                            Möglicherweise sind weitere
V = 11349                    Realisationen relevant.
V = 22450


──────────────────────────────
```

Diese beiden Beispiele sind zu verallgemeinern und in
ihrer umfassenderen Form bei der Erstellung des condition-stub zu berücksichtigen.

Weitere Hinweise zur systematischen Konstruktion des
condition - stub enthält der nachfolgende Teilabschnitt
über die automatische (interaktive) Erstellung und die
einführende Darstellung des komplexeren Anwendungsbei-
spiels über die Arbeitszeitvergütung bei Gleitzeitarbeit (Absatz IIA 5).

Eine vollautomatische Erstellung der stub entfällt, da
hierbei zu viele semantische Elemente zu beachten wären.
Das interaktive Arbeiten bietet wohl in diesem Zusammenhang einen idealen Kompromiß. Je größer jedoch der Anteil
der maschinellen Verarbeitung an der interaktiven Erstellung ist, desto mehr Restriktionen müssen dem umgangssprachlichen Text zur Bewältigung der Semantik auf-
erlegt werden. Man ist gezwungen eine formale stub-Sprache zu entwerfen. Dabei könnte man vielleicht von dem
ALGOL 60-Konzept bezüglich der unter "Boolean expres-
sions" definierten "relation" (Lit.IIA2.1) ausgehen;
damit ließen sich auch wertmäßige Vergleiche ausdrücken.
Bei anders gearteten Aussagen - wie: ...wenn er mit der
Straßenbahn kommt, ...- sind zusätzliche Konstruktionen
zu vereinbaren. Hierbei müßte wahrscheinlich die Gramma-
tik der Umgangssprache als Anhaltspunkt dienen. String-
kombinationen wie "subject" "predicate" "object" oder
"subject" "predicate" "complement" wären zu definieren.
Weiterhin müßte die Länge der einzelnen strings festgelegt werden.

Die Eingabe der Bedingungen und der Aktionen erfolgt
dann in dieser speziellen stub - Sprache. Signifikante
strings "C&" oder "A&" charakterisieren die conditions
bzw. die actions. Zunächst werden die Bedingungen und

Aktionen in beliebiger Reihenfolge in einer Datei erfaßt.
Anschließend werden die Dateisätze nach den strings "C&"
bzw. "A&" abgefragt, wodurch die Trennung der Bedingungen von den Aktionen ausgelöst wird; es werden zwei gesonderte Dateien angelegt. Die ursprüngliche Datei kann
überschrieben oder gelöscht werden. Die Dateien werden
ausgedruckt und erscheinen auf einem Bildschirm, weswegen auch bei der Erstellung der Dateien die hardware-
mäßigen I/O-Formate beachtet werden müssen. Eine Schnell-
drucker- oder Fernschreiberausschrift hat den Vorteil
gegenüber einer immateriellen Bildschirmanzeige, daß sie
die Dateiinhalte mit einem Blick darzulegen vermag. Der
Bildschirm kann immer nur 2o-3o Schreibzeilen (d.h. 2o -
3o Bedingungen oder Aktionen) mit jeweils 5o-6o Schreib-
stellen (je nach Gerätetyp) wiedergeben. Das hat folgende Konsequenz, daß der Prozessor zur interaktiven Erstellung von ETs, wenn er das Arbeiten mit einer Sicht-
anzeige vorsieht, eine besondere I/O-Organisation enthält, die meinetwegen durch mehrmalige Ausgabe sich jeweils überlappender Dateibereiche den Nachteil der ein-
gegrenzten Bildschirmgröße wieder wettmacht. Aus den
oben geschilderten Umständen heraus würde ich ein Video-
Gerät zur interaktiven Konstruktion der stub als unge-
eignet empfinden.

Ein Blattschreiber unterliegt zwar auch irgendwelchen
Formatbeschränkungen, die sich hierbei aber nicht so
störend erweisen wie beim Sichtgerät. Außerdem hat eine
Druckerausschrift den Vorteil, daß sie zum Zwecke der
Dokumentation aufbewahrt werden kann.

Je nachdem, wie komfortabel die stub-Sprache angelegt
ist, kann man jetzt die weiteren Verarbeitungsschritte
vollautomatisch durch die EDV-Anlage erledigen lassen.
Hierunter fällt die Streichung redundanter Formulierungen, die Erkennung negierter Ausdrücke und die Prüfung
auf Vollständigkeit in dem Sinne, wie sie anhand der
Beispiele IIA2.1 und IIA2.2 erläutert wurde. Unter der
Auffindung negierter Formulierungen verstehe ich die Erkennung von Ausdruckspaaren, bei welchen der eine Part-
ner die logisch positiv formulierte Aussage vertritt und
der andere die entsprechende logische Negation dazu
wiedergibt; ein Beispiel mag dieses weiter verdeutlichen:
Die Bedingung "a kleiner b" bildet zusammen mit der Bedingung "a größer oder gleich b" ein derartiges Aus-
druckspaar. Zur Darstellung dieser beiden Bedingungen
genügt die Wiedergabe einer der beiden, die jedoch dann
mit den logischen Werten "YES" oder "NO" belegt werden
kann. Weitere Bemerkungen hierzu entnehme man Absatz
IIB2.

Die Gruppeneinteilung bei der interaktiven Erstellung des
condition-stub hat nicht mehr jene wichtige Funktion, die
sie bei der manuellen Konstruktion innehatte; der Mensch

bedarf der systematischen und gut überschaubaren Anordnung der Bedingungen, da er sich hauptsächlich an funktionellen und semantischen Anhaltspunkten orientiert, wogegen sich die Maschine strikt an den ihr vorgezeigten,
sequentiell ausgerichteten Formalismus hält. Dieser Umstand hingegen macht eine Gruppeneinteilung nicht prinzipiell entbehrlich, es ist lediglich nicht mehr ganz so
wichtig, wann diese Einteilung vorgenommen wird; bei der
manuellen Erstellung war es sinnvollerweise so geregelt,
daß die Gruppeneinteilung vor der Komprimierung des condition - stub erfolgte, im Zusammenhang mit der interaktiven Verarbeitung ist es einigermaßen gleichgültig,
ob die Gruppeneinteilung vor oder nach der stub - Komprimierung geschieht, da für die EDV-Anlage, wie bereits
bemerkt, andere Verarbeitungskriterien vorliegen als für
den Menschen. Wenn jedoch der Prozessor die Gruppeneinteilung zur Komprimierung des condition - stub mit aus-
nutzt, dann ist an der Reihenfolge dieser beiden Verar-
beitungsphasen ohnehin nichts mehr zu deuten.

Nachdem die Einteilung in Gruppen erfolgt ist, kann man
versuchen, die Bedingungen innerhalb einer Gruppe nach
gewissen einfachen Aspekten zu ordnen. Hierzu möge aber-
mals Beispiel IIA2.2 angeführt werden, in welchem die
Sortierung nach zunehmendem Wert der Realisierung der
Variablen V erfolgte.

Ist der condition - stub bis auf ein logisches Minimum
reduziert und sinnvoll geordnet, dann kann man den stub
dahingehend weiter aufbereiten, daß man den einzelnen
Bedingungen sinnvolle Textabkürzungen und/oder Numerie-
rungen zuordnet. Bezüglich solcher Abbreviaturen und
Kennziffern sehe man die Bemerkungen in Absatz IIA5.
Außerdem siehe auch die Abbildung IIA3.1 .

3 Erstellung des action-stub

Die für die Konstruktion des action - stub typischen Erstellungsphasen beginnen mit der Trennung der Bedingungen
und Aktionen. Auf der Aktionenseite schließt sich an diese Separierung das Ordnen der Aktionen nach der Reihenfolge ihrer späteren Ausführung an. Ein derartiges Sortieren ist in manchen Fällen nicht angebracht, weil es
gleichgültig ist, in welcher Sequenz die einzelnen Aktionen zur Ausführung gelangen. In einigen Anwendungsfällen
ist es auch gar nicht möglich, eine starre Reihenfolge
der Aktionen vorzugeben, da die Reihenfolge der Ausführung z.B. von der eingetretenen Bedingungskombination
abhängig ist. In solchen Fällen, in denen die Entscheidungssituation für die einzelnen Entscheidungsfälle nicht
immer eine gleichsinnige Anordnung der Aktionen zuläßt,
ist der Anwender gehalten, zum Ziele einer übersichtlichen Dokumentation andere, einfache Ordnungskriterien

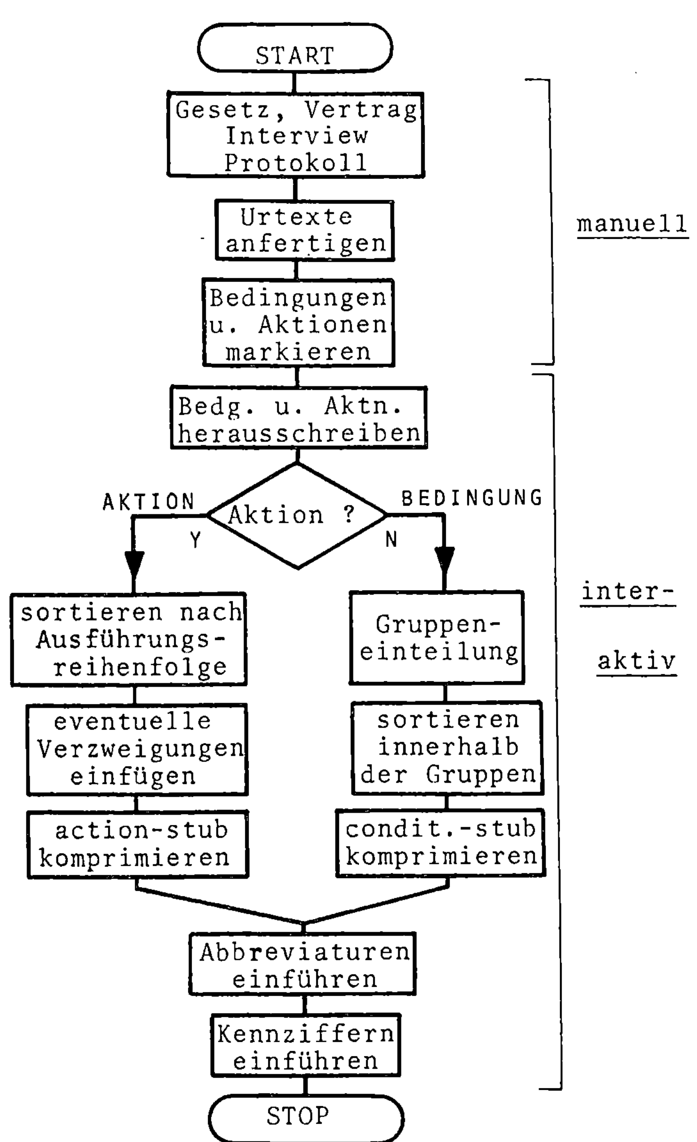

Abb. IIA3.1 —— stub - Erstellung

anzuwenden. Die Aktionen lassen sich beispielsweise nach aktivem und/oder passivem Bezug sortieren, wobei ich unter einem Ordnen nach aktivem Bezug ein Sortieren verstehe, das alle diejenigen Aktionen in Gruppen zusammenfaßt, die von der gleichen Person, Instanz, Abteilung, Maschine etc. ausgeführt werden. Unter einem Sortieren nach passivem Bezug verstehe ich eine gruppenweise Zusammenfassung solcher Aktionen, die sich durch ihre Ausführung auf die gleiche Person, Instanz, Abteilung, Maschine etc. auswirken. In diesem Sinne lassen sich bestimmt noch andere Ordnungskriterien angeben.

Nach dem Sortieren der Aktionen folgt die Komprimierung des action - stub. Die Komprimierung des action - stub befaßt sich im wesentlichen mit der Entfernung redundanter Aktionen. Weiterhin werden irrelevante Aktionen gestrichen und Aktionen, die stets gemeinsam zur Ausführung gelangen, zusammengefaßt.

Die Vereinfachung des action - stub ist nicht ganz so wesentlich wie die Komprimierung des condition - stub, da die endgültige Anzahl m der verbleibenden Aktionen nicht so unmittelbar und so gravierend in den Verarbeitungsaufwand eingeht wie die Anzahl n der Bedingungen (2^n Fälle der kompletten ET). Das heißt, daß es nicht so schlimm ist, wenn zu viele Aktionen in den action - stub aufgenommen wurden, hingegen wird es jedoch mit Sicherheit zu Fehlleistungen in der Entscheidung führen, wenn man es versäumt hat, einige relevante Aktionen in den action - stub einzufügen.

Nach der Komprimierung des action - stub erfolgt die Einführung sinnvoller Abkürzungen für die eventuell langschriftlichen Formulierungen der einzelnen Aktionen. Ebenso bietet es sich auch hierbei an, ein Kennziffersystem festzulegen. Dazu beachte man bitte die Bemerkungen in Absatz IIA5.

4 Das Beispiel der Prämienvergütung

Man stelle sich vor, der nachfolgende Text entstamme den Verfahrensvorschriften eines Betriebes.

Es gibt 4 verschiedene Prämienarten und jeder Beschäftigte kann eine oder mehrere hiervon für sich in Anspruch nehmen.

a) Premium of seniority
   If the employee has a seniority of at least three years and if he has been absent during less than a month of this year, he receives a premium for seniority equal to 15 % of his monthly salary.

b) Premium for presence
   If the employee has a <u>seniority of at least one year</u>
   and if he has been <u>absent during less than two weeks</u>
   <u>of this year</u>, he receives a <u>premium _for_presence.</u>
   <u>equal to_2o % of_his_monthly_salary diminished_by</u>
   <u>8 % for each_week of_absence.</u>

   If the employee has <u>seniority of less than one year</u>,
   he only receives a <u>premium for presence_of 6 % of_his_</u>
   <u>monthly salary, if he has never been absent during</u>
   <u>this year</u>.

c) Premium for productivity
   If the employee has a <u>seniority of at least three</u>
   <u>years</u>, he is entitled to a <u>premium for productivity_</u>
   <u>equal to_(n/2o) x 2o_%_of his_monthly salary,</u> where
   n is an evaluation mark. This premium is only adwarded
   on condition that:
   - either he has been <u>absent for less than two weeks</u>;
   - or he has been <u>absent for less than one month</u> and
     his <u>evaluation mark is higher than 15.</u>

   If the employee has a <u>seniority of less than three</u>
   <u>years, but at least one year</u>, he is entitled to a
   <u>premium for productivity_equal_to (n/2o)_x_lo % of_his_</u>
   <u>monthly salary,</u> on condition that he has been <u>absent</u>
   <u>for less than two weeks.</u>

   If the employee has a <u>seniority of less than one year</u>,
   he is only entitled to a premium for productivity, if
   he has <u>never been absent</u> and if his <u>evaluation mark is</u>
   <u>higher than 15</u>, he receives a <u>premium equal to_(n-15)</u>
   <u>x 2 % of_his_monthly_salary._</u>

d) Premium for exceptional services
   If the employee, <u>whatever his seniority may be</u>, has
   <u>never been absent</u> and has received an <u>evaluation mark</u>
   <u>higher than 15</u>, he receives a supplementary <u>premium of_</u>
   <u>(n-15)_x_4 %_of his monthly salary.</u>

e) any mixture of a) - d)

   Aufgrund der voranstehenden Textvorlage, in der bereits
   die Aktionen unterbrochen und die Bedingungen durch-
   gehend unterstrichen sind, wurde eine Datei "D.Premium-
   compute" eingerichtet. Dann erfolgt durch character -
   Abfrage die Trennung der Bedingungen und Aktionen. Anschließend erfolgt eine Gruppeneinteilung mit nachfolgender Komprimierung des condition - stub. Abbreviaturen werden eingeführt. Eine Numerierung entfällt, da
   bereits eine laufende Zeilennummer durch den Dateiauf-
   bereiter (Editor) gegeben ist.

   Auch die Aktionen werden gemäß den in Absatz IIA3 dargestellten Verfahren behandelt.

Bei der Implementierung des stub-Erstellungsverfahrens
(oder ähnlicher Verfahren) ist (grundsätzlich) darauf zu
achten, daß aus Kompatibilitätsgründen (soweit möglich)
maschinenunabhängige, problemorientierte Versionen erzeugt werden.

```
[FILE 'D.PREMIUMCOMPUTE'
[GET
[PRINT 1-26

    1  A$  PREMIUM FOR SENIORITY TO 15% OF HIS MONTHLY SAL
    2  C$  SENIORITY OF AT LEAST 3 YEARS
    3  C$  ABSENT DURING LESS THAN 1 MONTH OF THIS YEAR
    4  C$  SENIORITY OF AT LEAST 1 YEAR
    5  C$  ABSENT DURING LESS THAN 2 WEEKS OF THIS YEAR
    6  A$  PREM. OF PRESENCE EQUAL TO 20% OF HIS MONTHLY S
    7  A$  DIMINISHED BY 8% FOR EACH WEEK OF ABSENCE
    8  A$  PREMIUM FOR PRESENCE OF 6% OF HIS MONTHLY SALARY
    9  C$  SENIORITY OF LESS THAN 1 YEAR
   10  C$  IF HE HAS NEVER BEEN ABSENT DURING THIS YEAR
   11  C$  SENIORITY OF AT LEAST 3 YEARS
   12  A$  PREMIUM FOR PRODUCTIVITY EQUAL TO (N/20)*20% OF
   13  C$  HE HAS BEEN ABSENT FOR LESS THAN 2 WEEKS
   14  C$  HE HAS BEEN ABSENT FOR LESS THAN 1 MONTH
   15  C$  HIS EVALUATION MARK IS HIGHER THAN 15
   16  C$  SENIORITY OF LESS THAN 3 YEARS, BUT AT LEAST 1 Y
   17  A$  PREMIUM FOR PRODUCTIVITY EQUAL TO (N/20)*10% OF
   18  C$  ABSENT FOR LESS THAN 2 WEEKS
   19  C$  SENIORITY FOR LESS THAN 1 YEAR
   20  C$  HE HAS NEVER BEEN ABSENT DURING THE LAST YEAR
   21  C$  EVALUATION MARK IS HIGHER THAN 15
   22  A$  PREM. FOR PRODUCTIVITY EQUAL TO (N-15)*2% OF HIS
   23  C$  WHATEVER HIS SENIORITY MAY BE
   24  C$  HE HAS NEVER BEEN ABSENT DURING THE LAST YEAR
   25  C$  HIS EVALUATION MARK IS HIGHER THAN 15
   26  A$  PREM. FOR EXEPTIONAL SERVICES OF (N-15)*4% OF HI


[ON >RANGE< PRINT "C$"

    2  C$  SENIORITY OF AT LEAST 3 YEARS
    3  C$  ABSENT DURING LESS THAN 1 MONTH OF THIS YEAR
    4  C$  SENIORITY OF AT LEAST 1 YEAR
    5  C$  ABSENT DURING LESS THAN 2 WEEKS OF THIS YEAR
    9  C$  SENIORITY OF LESS THAN 1 YEAR
   10  C$  IF HE HAS NEVER BEEN ABSENT DURING THIS YEAR
   11  C$  SENIORITY OF AT LEAST 3 YEARS
   13  C$  HE HAS BEEN ABSENT FOR LESS THAN 2 WEEKS
   14  C$  HE HAS BEEN ABSENT FOR LESS THAN 1 MONTH
   15  C$  HIS EVALUATION MARK IS HIGHER THAN 15
   16  C$  SENIORITY OF LESS THAN 3 YEARS, BUT AT LEAST 1 Y
   18  C$  ABSENT FOR LESS THAN 2 WEEKS
   19  C$  SENIORITY OF LESS THAN 1 YEAR
   20  C$  HE HAS NEVER BEEN ABSENT DURING THE LAST YEAR
   21  C$  EVALUATION MARK IS HIGHER THAN 15
```

```
23 C$ WHATEVER HIS SENIORITY MAY BE
24 C$ HE HAS NEVER BEEN ABSENT DURING THE LAST YEAR
25 C$ HIS EVALUATION MARK IS HIGHER THAN 15
27

[ON >RANGE< PRINT "A$"

 1 A$ PREMIUM OF SENIORITY TO 15% OF HIS MONTHLY SALA
 6 A$ PREM. OF PRESENCE EQUAL TO 20% OF HIS MONTHLY S
 7 A$ DIMINISHED BY 8% FOR EACH WEEK OF ABSENCE
 8 A$ PREMIUM FOR OF 6% OF HIS MONTHLY SALARY
12 A$ PREMIUM FOR PRODUCTIVITY EQUAL TO (N/20)*20% OF
17 A$ PREMIUM FOR PRODUCTIVITY EQUAL TO (N/20)*10% OF
22 A$ PREM. FOR PRODUCTIVITY EQUAL TO (N-15)*2% OF HIS
26 A$ PREM. FOR EXCEPTIONAL SERVICES OF (N-15)*4% OF
27

[DELETE

[GET 2-5,9-11,13-16,18-21,23-25

[SAVE 'D.CON-STUB'
D.CON-STUB IS IN THE CATALOG
OVERWRITE? (Y,N) Y

[DELETE

[GET 1,6,8,12,17,22,26

[SAVE 'D.ACT-STUB'
D.ACT-STUB IS IN THE CATALOG
OVERWRITE? (N,Y) Y

[DELETE

[FILE 'D.CON-STUB'

[GET

[ON >RANGE< PRINT "SENIORITY"

 1 C$ SENIORITY OF AT LEAST 3 YEARS
 3 C$ SENIORITY OF AT LEAST 1 YEAR
 5 C$ SENIORITY OF LESS THAN 1 YEAR
 7 C$ SENIORITY OF AT LEAST 3 YEARS
11 C$ SENIORITY OF LESS THAN 3 YEARS, BUT AT LEAST 1 Y
13 C$ SENIORITY OF LESS THAN 1 YEAR
16 C$ WHATEVER HIS SENIORITY MAY BE

[1

 1 C$ SEN 3

[3

 3 C$ SEN 1

[5

 5 C$ NOT SEN 1

[7

 7 C$ SEN 3
```

```
[11

11 C$ NOT SEN 3 AND SEN 1

[13

13 C$ NOT SEN 1

[16

16 C$ DONT CARE

[ON >RANGE< PRINT "ABSENT"

 2 C$ ABSENT DURING LESS THAN 1 MONTH OF THIS YEAR
 4 C$ ABSENT DURING LESS THAN 2 WEEKS OF THIS YEAR
 6 C$ IF HE HAS NEVER BEEN ABSENT DURING THIS YEAR
 8 C$ HE HAS BEEN ABSENT FOR LESS THAN 2 WEEKS
 9 C$ HE HAS BEEN ABSENT FOR LESS THAN 1 MONTH
12 C$ ABSENT FOR LESS THAN 2 WEEKS
14 C$ HE HAS NEVER BEEN ABSENT DURING THE LAST YEAR
17 C$ HE HAS NEVER BEEN ABSENT DURING THE LAST YEAR

[2

 2 C$ ABS 4

[4

 4 C$ ABS 2

[6

 6 C$ ABS 0

[8

 8 C$ ABS 2

[9

 9 C$ ABS 4

[12

12 C$ ABS 2

[14

14 C$ ABS 0

[17

17 C$ ABS 0

[ON >RANGE< PRINT "EVALUATION"

10 C$ HIS EVALUATION MARK IS HIGHER THAN 15
15 C$ EVALUATION MARK IS HIGHER THAN 15
18 C$ HIS EVALUATION MARK IS HIGHER THAN 15

[10

10 C$ N 15

[15

15 C$ N 15
```

```
[18

18  C$  N  15

[ON  >RANGE<  PRINT  "AND"

11  C$  NOT  SEN  3  AND  SEN  1

[ON  >RANGE<  PRINT  "OR"
NO  MATCH  IN  RANGE

[ON  >RANGE<  FIND  "NOT"  DELETE

[ON  >RANGE<  FIND  "DONT  CARE"  DELETE

[ON  >RANGE<  PRINT  "SEN  3"

 1  C$  SEN  3
 7  C$  SEN  3

[ON  7-20  FIND  "SEN  3"  DELETE

[ON  >RANGE<  PRINT  "SEN  1"

 3  C$  SEN  1

[ON  4-20  FIND  "SEN  1"  DELETE
NO  MATCH  IN  RANGE

[ON  >RANGE<  PRINT  "ABS  4"

 2  C$  ABS  4
 9  C$  ABS  4

[ON  3-20  FIND  "ABS  4"  DELETE

[ON  >RANGE<  PRINT  "ABS  2"

 4  C$  ABS  2
 8  C$  ABS  2
12  C$  ABS  2

[ON  5-20  FIND  "ABS  2"  DELETE

[ON  >RANGE<  PRINT  "ABS  0"

 6  C$  ABS  0
14  C$  ABS  0
17  C$  ABS  0

[ON  7-20  FIND  "ABS  0"  DELETE

[ON  >RANGE<  PRINT  "N  15"

10  C$  N  15
15  C$  N  15
18  C$  N  15

[ON  11-20  FIND  "N  15"  DELETE

[RENUMBER

[PRINT

 1  C$  SEN  3
 2  C$  ABS  4
 3  C$  SEN  1
 4  C$  ABS  2
```

```
 5 C$ ABS 0
 6 C$ N 15
[MOVE 3 TO 1.1
[RENUMBER
[PRINT
 1 C$ SEN 3
 2 C$ SEN 1
 3 C$ ABS 4
 4 C$ ABS 2
 5 C$ ABS 0
 6 C$ N 15
[DELETE
[FILE 'D.ACT-STUB
[GET
[ON >RANGE< PRINT "SENIORITY"
 1 A$ PREMIUM FOR SENIORITY TO 15% OF HIS MONTHLY SAL
[1
 1 A$ P.SEN.
[ON >RANGE< PRINT "PRESENCE"
 2 A$ PREM. OF PRESENCE EQUAL TO 20% OF HIS MONTHLY S
 3 A$ PREMIUM FOR PRESENCE OF 6% OF HIS MONTHLY SALARY
[2
 2 A$ P.PRE.1
[3
 3 A$ P.PRE.2
[ON >RANGE< PRINT "PRODUCTIVITY"
 4 A$ PREMIUM FOR PRODUCTIVITY EQUAL TO (N/20)*20% OF
 5 A$ PREMIUM FOR PRODUCTIVITY EQUAL TO (N/20)*10% OF
 6 A$ PREM. FOR PRODUCTIVITY EQUAL TO (N-15)*2% OF HIS
[4
 4 A$ P.PDC.1
[5
 5 A$ P.PDC.2
[6
 6 A$ P.PDC.3
[ON >RANGE< PRINT "SERVICES"
 7 A$ PREM. FOR EXCEPTIONAL SERVICES OF (N-15)*4% OF
[7
 7 A$ P.EXC.
```

```
[PRINT

   1 A$ P.SEN.
   2 A$ P.PRE.1
   3 A$ P.PRE.2
   4 A$ P.PDC.1
   5 A$ P.PDC.2
   6 A$ P.PDC.3
   7 A$ P.EXC.

[HALT
```

Der fertige condition- und action-stub sieht wie folgt
aus:

Condition-stub	Action-stub
sen 3	P.sen.
sen 1	P.pre. 1
- - -	P.pre. 2
abs 4	P.pdc. 1
abs 2	P.pdc. 2
abs o	P.pdc. 3
- - -	P.exc.
n 15	

Das Verhelst'sche Beispiel der Prämienvergütung wird in
den nachfolgenden Kapiteln zu gegebenem Anlaß wieder auf-
gegriffen und weiterausgeführt.

5 Das Beispiel der Arbeitszeitverrechnung bei Gleitzeitarbeit

Um sinnvoll in ein so komplexes Problem wie das der Ar-
beitszeitabrechnung bei Gleitzeitarbeit einzusteigen,
empfiehlt es sich dringend, zunächst erst einmal den
Global-Ablauf zu überlegen. Bei dem vorliegenden Beispiel hätte es wenig Sinn, die Verrechnung der Arbeitszeit vor der Arbeitszeiterfassung durchzuführen. Der
Global-Ablauf ist systemspezifisch und schwebt als ober-
stes Ordnungsprinzip über der gesamten weiteren Verarbeitung. Der Global-Ablauf ist in Abb. IIA5.1 stark
schematisiert wiedergegeben.

Wie aus Abb. IIA5.1 hervorgeht, sind zur Erfassung der
Arbeitszeit und zur anschließenden Verrechnung derselben

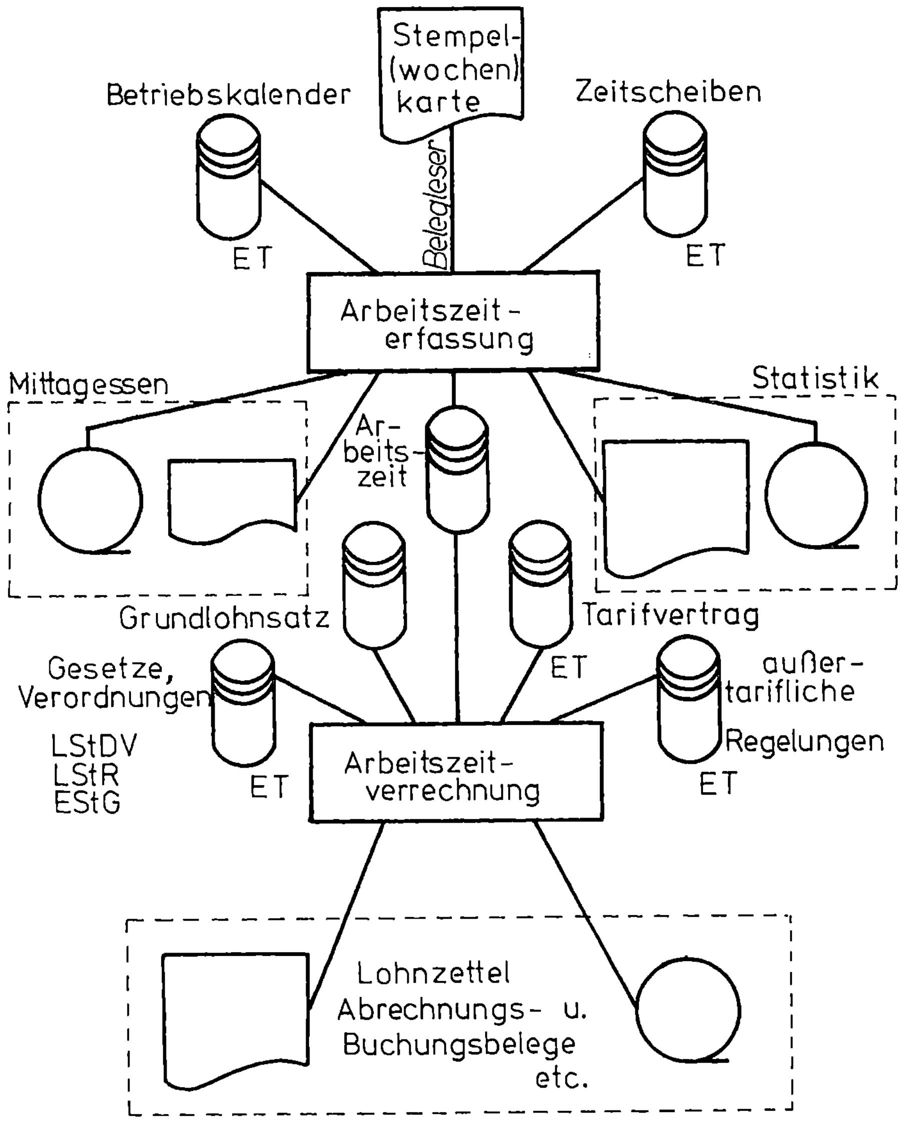

Abb. IIA5.1 — Datenfluß zur Arbeitszeitverrechnung bei Gleitzeitarbeit ——— Global-Ablauf

folgende Informationen vonnöten.

I.   Arbeitszeiterfassung pro Tag
     a) Anwesenheitskennziffern (Arbeitszeitkennziffern)
     b) Abwesenheitskennziffern
        bb) Ganztägige Abwesenheit
        bbb) Stundenweise Abwesenheit
     c) Stempelkarte (Zeiteinstempelung)
     d) Zeitscheiben der Anwesenheit
     e) Zeitscheiben der Abwesenheit
     f) Wochentag, Datumswechsel

II. Verrechnung der ermittelten Arbeitszeit pro Tag
     a) Bestimmung des Grundlohns (Grundlohnsatz)
     b) Ermittlung der Zuschläge
     c) Sonstige Vergütungen und Prämien

III. Statistische Erhebungen pro Tag

IV. Abrechnung des Mittagessens

Als Input steht zur Verfügung:

Zu I., III. und IV. :
Ausgewertete Stempelkarte (Auswertung erfolgt durch ET)

Betriebskalender (liegt als ET in der EDV-Anlage vor)

Die Bedeutung sämtlicher Kennziffern (Die Auswertung
der Kennziffern erfolgt auch durch ET)

Zeitscheiben (liegen ebenfalls als ET vor)

zu II.:
Ermittelte Arbeitszeit

Tarifvertrag (ET)

Außertarifliche Regelungen (ET)

Grundlohnsatz

Bedingungen von Seiten des Gesetzgebers (z.B. EStG §34a)

Mir lagen Ausschnitte aus dem Manteltarifvertrag der IG-
Metall vor. Die Definitionen der Begriffe "Grundlohn",
"Sonntags-", "Feiertags-" und "Nachtarbeit" im hier
verwendeten Sinne findet man im EStG § 34 a Absatz 3.

Im folgenden werden die einzelnen Zuschläge erläutert
und die Bedeutungen der verschiedenen Kennziffern dargelegt.

<u>Zuschläge für Mehrarbeit, Nachtarbeit sowie Sonntags-
und Feiertagsarbeit</u>

Wenn der Zuschlag gesetzlich oder tarifvertraglich festgelegt ist, heißt es im folgenden kurz "mit Tarif", im
anderen Fall heißt es "ohne Tarif".

<u>1...</u>   steuerpflichtig mit Grundlohn

1000 = <u>ohne Zuschlag</u>

Stunden, die die <u>normale tägliche Arbeitszeit</u> des Lohnempfängers übersteigen, bei denen <u>aber noch kein Anspruch auf Zuschlag</u> besteht (die vorgeschriebene Wochenstundenzahl wurde nicht erreicht) - <u>mit</u> und <u>ohne</u> Tarif -

1025 = <u>25 % Zuschlag</u>

<u>1.-6. Mehrarbeitsstunde je Woche</u> - <u>mit</u> und <u>ohne Tarif</u> -

1030 = <u>30 % Zuschlag</u>

<u>1.-6. Mehrarbeitsstunde je Woche</u> bei <u>Wechselschicht</u> und <u>regelmäßiger Nachtarbeit</u> nach <u>6.00 Uhr</u> - <u>mit</u> und <u>ohne Tarif</u> -

1040 = <u>40 % Zuschlag</u>

<u>ab der 7. Mehrarbeitsstunde je Woche</u> - <u>mit</u> und <u>ohne Tarif</u> -

1045 = <u>45 % Zuschlag</u>

<u>ab der 7. Mehrarbeitsstunde je Woche</u> bei <u>Wechselschicht</u> und <u>regelmäßiger Nachtarbeit</u> nach <u>6.00 Uhr</u> - <u>mit</u> und <u>ohne Tarif</u> -

1050 = <u>50 % Zuschlag</u>

a) <u>Mehrarbeitsstunden im Anschluß an unregelmäßige Nachtarbeit</u> bzw. und <u>im Anschluß an Nachtmehrarbeitsstunden</u> nach <u>6.00 Uhr.</u> - <u>mit</u> und <u>ohne Tarif</u> -

b) <u>Arbeit am 24. und 31.12. von 14.00 Uhr bis 20.00 Uhr</u> - <u>mit</u> und <u>ohne Tarif</u> -

1125 = <u>125 % Zuschlag</u>

<u>Mehrarbeit an einem deutschen Feiertag im Ausland</u> (Feiertag fällt auf einen Arbeitstag), soweit die Arbeit über die an diesem Tag normalerweise geleistete <u>Arbeitszeit hinausgeht</u> - <u>mit</u> und <u>ohne Tarif</u> -

<u>2...</u> = steuerpflichtig ohne Grundlohn

2010 = <u>10 % Zuschlag</u>

<u>regelmäßige Nachtarbeit</u> - <u>ohne Tarif</u> <u>(in Verbindung mit 4015)</u>

2015 = <u>15 % Zuschlag</u>

<u>1.-6. Mehrarbeitsstunde je Woche</u> bei <u>Wechselschicht</u> und <u>regelmäßiger Nachtarbeit</u> in der Zeit von <u>20.00 Uhr bis 6.00 Uhr</u> - <u>ohne Tarif</u> - <u>(in Verbindung mit 3015)</u>

2020 = 20_%_Zuschlag

    a) unregelmäßige Nachtarbeit - ohne Tarif
       (in Verbindung_mit_4030)

    b) Mehrarbeitsstunden ab 20.00 Uhr und im An-
       schluß an unregelmäßige Nachtarbeit bis 6.00
       Uhr - ohne Tarif - (in Verbindung_mit_3030)

2030 = 30_%_Zuschlag

    ab 7. Mehrarbeitsstunde je Woche bei Wechsel-
    schicht und regelmäßiger Nachtarbeit in der Zeit
    von 20.00 Uhr bis 6.00 Uhr - ohne Tarif - (in
    Verbindung_mit_3015)

2070 = 70_%_Zuschlag

    Arbeit am 24. und 31.12. nach 20.00 Uhr
    - ohne Tarif - (in Verbindung_mit_3030)

2125 = 125 % Zuschlag

    Arbeit an einem deutschen Feiertag im Ausland
    (Feiertag fällt auf einen Arbeitstag), soweit die
    Arbeit während der normalen Arbeitszeit geleistet
    wird
    - mit und ohne Tarif -

3... = steuerfrei mit Grundlohn

3015 = 15_%_Zuschlag

    a) 1.-6. Mehrarbeitsstunde je Woche bei Wechsel-
       schicht und regelmäßiger Nachtarbeit in der
       Zeit von 20.00 Uhr bis 6.00 Uhr
       - ohne Tarif - (in Verbindung_mit_2015)

    b) ab 7. Mehrarbeitsstunde je Woche bei Wechsel-
       schicht und regelmäßiger Nachtarbeit in der
       Zeit von 20.00 Uhr bis 6.00 Uhr
       - ohne Tarif - (in Verbindung_mit_2030)

3030 = 30_%_Zuschlag

    a) Mehrarbeitsstunden ab 20.00 Uhr und im An-
       schluß an unregelmäßige Nachtarbeit bis 6.00
       Uhr - ohne Tarif - (in Verbindung_mit_2020)

    b) 1.-6. Mehrarbeitsstunde je Woche bei Wechsel-
       schicht und regelmäßiger Nachtarbeit in der
       Zeit von 20.00 Uhr bis 6.00 Uhr
       - mit Tarif -

    c) Arbeit am 24. und 31.12. nach 20.00 Uhr
       - ohne Tarif - (in Verbindung mit 2070)

3045 = 45_%_Zuschlag

    Ab 7. Mehrarbeitsstunde je Woche bei Wechsel-
    schicht und regelmäßiger Nachtarbeit in der
    Zeit von 20.00 Uhr bis 6.00 Uhr
    - mit Tarif -

3050 = 50 % Zuschlag

    a) Sonntagsarbeit - mit und ohne Tarif -

    b) Mehrarbeitsstunden ab 20.00 Uhr und im An-
       schluß an unregelmäßige Nachtarbeit bis 6.00
       Uhr - mit Tarif -

3100 = 100 % Zuschlag

    a) Arbeit an Feiertagen, an denen keine Arbeit
       ausfällt
       - mit und ohne Tarif -

    b) Arbeit am 24. und 31.12. nach 20.00 Uhr
       - mit Tarif -

3125 = 125 % Zuschlag

    Feiertagsarbeit (Feiertag fällt auf einen Arbeits-
    tag), die über die an diesem Tag normalerweise ge-
    leistete Arbeitszeit hinausgeht
    - mit und ohne Tarif -

4... steuerfrei ohne Grundlohn

4015 = 15 % Zuschlag

    a) Nachtschicht im Rahmen der Wechselschicht
       - mit und ohne Tarif -

    b) regelmäßige Nachtarbeit
       - ohne Tarif - (in Verbindung mit 2010)

4025 = 25 % Zuschlag

    regelmäßige Nachtarbeit - mit Tarif -

4030 = 30 % Zuschlag

    unregelmäßige Nachtarbeit - ohne Tarif -
    (in Verbindung mit 2020)

4050 = 50 % Zuschlag

    unregelmäßige Nachtarbeit - mit Tarif -

4125 = 125 % Zuschlag

    Feiertagsarbeit (Feiertag fällt auf einen Arbeits-
    tag), während der sonst normalen Arbeitszeit
    - mit und ohne Tarif -

Anwesenheitskennziffern :

1 = Gleitzeit mit Normalstunden pro Tag
2 = Gleitzeit mit Normalstunden pro Tag ohne Prüfung auf
    Anwesenheit während der Kernarbeitszeit und auch vor
    Beginn bzw. nach Ende der Gleitzeitspannen.
3 = Gleitzeit für Teilzeitbeschäftigte ohne Prüfung der
    Anwesenheit während der Kernarbeitszeit mit Abzug der
    Mittagspause.

4 = Gleitzeit für Teilzeitbeschäftigte ohne Prüfung der
    Anwesenheit während der Kernarbeitszeit ohne Abzug
    der Mittagspause
5 = feste Arbeitszeit mit Normalstunden pro Tag ohne
    gleitende Arbeitszeit
6 = feste Arbeitszeit mit individueller Stundenzahl pro
    Tag (=Teilzeitbeschäftigte) ohne gleitende Arbeits-
    zeit und mit Abzug der Mittagspause
7 = feste Arbeitszeit mit individueller Stundenzahl pro
    Tag (=Teilzeitbeschäftigte) ohne gleitende Arbeits-
    zeit und ohne Abzug der Mittagspause
8 = Jugendliche - Gleitzeit mit 8 Stunden Arbeitszeit
    pro Tag und keine Bildung eines Gleitzeitsaldos
O = vorübergehend keine Zeiterfassung (Sollzeit=Istzeit)

Abwesenheitskennziffern:
____

Ganztägige Abwesenheiten :

01 Urlaub
02 Mutterschutz
03 Feiertag (per Programm - Betriebskalener -)
04 bezahlte Krankheit
05 bezahlte, sonstige Fehltage
06 unbezahlte Krankheit (ab 43. Krankheitstag
   per Programm)
07 unbezahlte Wehrübung
08 unbezahlte, sonstige Fehltage
14 bezahlter Betriebsunfall
15 unbezahlter Betriebsunfall
16 bezahlte Kur- und Heilverfahren
17 unbezahlte Kur- und Heilverfahren
18 Reisetag (Monteure)
19 Baustellentag (Monteure)
20 genehmigte, unbezahlte Abwesenheit (zum Tilgen ange-
   sammelter Gleitzeitsalden)

Stundenweise Abwesenheiten:

30 genehmigte, unbezahlte Abwesenheit während der Kern-
   arbeitszeit zum Ausgleich von Gleitzeitsalden
40 genehmigte, bezahlte Abwesenheit zwischen 8.00 und
   16.30 Uhr während der normalen Arbeitszeit
41 firmenbedingte Abwesenheit zwischen 8.00 und 16.30 Uhr
42 genehmigte, bezahlte Abwesenheit während der Kern-
   arbeitszeit

Sonstige Kennziffern :
____

Die sonstigen Kennziffern sind notwendig, um sämtliche
Abweichungen von der normalen Gleitzeitregelung zu kenn-
zeichnen.
64 Schichtarbeit wird an demselben Tage beendet
66 Schichtarbeit wird erst am folgenden Tag beendet

77 Arbeit wird am folgenden Tag beendet
85 angeordnete und genehmigte Überstunden an Samstagen,
   Sonntagen und Feiertagen
88 Arbeitszeit vor 7.20 Uhr und nach 17.70 Uhr wird an-
   gerechnet
90 unregelmäßige Nachtarbeit vor 6.00 Uhr und nach 20.00
   Uhr
95 regelmäßige Nachtarbeit vor 6.00 Uhr und nach 20.00
   Uhr
99 ungültiger Stempel

Zeitscheiben der Anwesenheit :

```
00.0 bis 06.0
06.0 bis 07.2        Gleitzeitspannen sind zwischen
07.2 bis 08.7        7.15 - 8.45 Uhr und 16.00 - 17.45 Uhr
08.7 bis 11.7
11.7 bis 14.0

14.0 bis 16.0
16.0 bis 17.7        Für denjenigen, der zwischen
17.7 bis 20.0        11.45 und 14.00 Uhr abwesend ist,
20.0 bis 24.0        wird kein Mittagessen gerechnet .
```

Datumsgrenze

Zeitscheiben der Abwesenheit :

```
00.0 bis 06.0
06.0 bis 07.2
07.2 bis 08.0
08.0 bis 08.7
08.7 bis 14.0
14.0 bis 16.0
16.0 bis 16.5
16.5 bis 17.7
17.7 bis 20.0
20.0 bis 24.0
```

Jeder Zeitscheibe entspricht eine Vektorfeldkomponente,
in welche die Eintragungen der Stempelkarte verteilt
werden. Die Verteilung der gestempelten Arbeitszeit wird
durch die Kennziffern gesteuert.

Im Rahmen dieser Arbeit scheint es durchaus ausreichend
zu sein, wenn ich im weiteren Verlauf lediglich die Erstellung eines ET-Systems zur Berechnung der Zuschläge
weiter verfolge. Diese nachstehenden Ausführungen hierzu mögen als Muster für die Konstruktion der Entscheidungstabellen angesehen werden. Anstatt das Gesamt-
system zu behandeln, werde ich mich demnach damit begnügen, das Teilsystem der Zuschlagsberechnung zu erfassen.

Die unterbrochenen Unterstreichungen im Urtext kenn-
zeichnen Aktionen, die durchgezogenen dagegen die Bedingungen.

Aktionen und Bedingungen werden nun herausgeschrieben
gerade in der Reihenfolge, wie sie auftreten. Dann geschieht die Trennung der Bedingungen und Aktionen, die
Gruppeneinteilung - respektive : die Sortierung der
Aktionen nach der Reihenfolge ihrer späteren Ausführung
- und die Komprimierung. Als fertiger condition-stub hat
sich ergeben :

0000 Stunden, die die normale tägliche Arbeitszeit
     übersteigen, bei denen aber noch kein Anspruch auf
     Zuschlag besteht

0100 mit Tarif

0200 weniger als 6 Mehrarbeitsstunden in der Woche

0300 regelmäßige Nachtarbeit

0301 unregelmäßige Nachtarbeit

0400 Mehrarbeitsstunden im Anschluß an unregelmäßige
     Nachtarbeit

0401 Mehrarbeitsstunden im Anschluß an Nachtmehr-
     arbeitsstunden

0402 Nachtschicht im Rahmen der Wechselschicht

0403 Wechselschicht

0500 Arbeit am 24.12. und 31.12.

0501 Mehrarbeit an einem deutschen Feiertag im Ausland

0502 Sonntagsarbeit

0503 Feiertagsarbeit

0600 Nach 6.00 Uhr

0601 Zwischen 14.00 und 20.00 Uhr

0602 Zwischen 20.00 und 06.00 Uhr

0603 Nach 20.00 Uhr

0700 Die Arbeit geht über die an diesem Tag normaler-
     weise geleistete Arbeit hinaus

0701 Keine Arbeit fällt aus

Soweit die bereits nach Gruppen geordnete Auflistung des
condition-stub. Hierzu im Anschluß daran noch ein paar
ergänzende Bemerkungen :

Als Vorlage waren mir bereits stark aussagekomprimierte
Texte vorgegeben. Es handelt sich hier in konkreter Form
um eine zusammengefaßte und essentialisierte Überarbei-
tung des IG-Metall-Tarifvertrages, des EStG § 34 a und
sonstiger außertariflicher Regelungen. Der sonst im all-

gemeinen vom Urtext auszugehende Schritt (Real-System)
erübrigte sich. Aber selbst unter diesen einigermaßen
günstigen Bedingungen ergaben sich bei der Erstellung
des condition-stub drei gravierende Schwierigkeiten:

1. Die Aufstellung des stub ist trivialerweise nicht
    frei vom vorliegenden Problem. Das erfordert, daß
    der Anwender (oder Analytiker) das System überschaut,
    was in der Regel mit einer ausgedehnten Einarbei-
    tungsphase verbunden ist; eine reine formale Vor-
    gehensweise ist ausgeschlossen (sie würde jedenfalls
    zu keiner sinnvollen Analyse führen). Hierin liegt
    eine Gefahr, die wohl typisch für jede Systemanalyse
    ist: normalerweise soll ein herkömmliches und tra-
    diertes System automatisiert und auf eine DV-Anlage
    abgebildet werden. Dabei wird die Effizienz des
    Systems untersucht. Treten irgendwelche Inkonsisten-
    tenzen und Ineffizienzen in Erscheinung, so wird das
    System revidiert. Um jedoch derartige Mißstände fest-
    stellen zu können, empfiehlt es sich, möglichst kri-
    tisch und vor allen Dingen unvorbelastet an das Sy-
    stem heranzutreten, was allerdings im Widerspruch zu
    der weiter oben erwähnten intensiven Einarbeitungs-
    phase steht. Der Analytiker muß immer eine genügende
    Distanz zum System wahren.

2. Bei umfangreichen Textvorlagen kann es geschehen, daß
    faktisch dieselbe Bedingung in mehreren verbal unter-
    schiedlichen Formulierungen gleichermaßen enthalten
    ist. Der stub enthält somit Synonyme und damit Re-
    dundanzen, das ist zu vermeiden. Redundanzen ergeben
    sich auch noch auf andere Weise : häufig ist es
    schwierig, auf den ersten Blick eine Bedingung und
    deren logische Negation (verbalisiert) in einer zwei-
    wertigen Logik (Y und N) als eine einzige Bedingung
    zu erkennen.

3. In den vorliegenden Texten sind die Bedingungen und
    Aktionen jeweils in Ketten zusammengefaßt und als
    eine Art Vorgehens-Vorschrift dargelegt :

    Wenn ...... UND - Verknüpfungen :
                 unter der Voraussetzung,
                 daß
                 im Rahmen
                 und
                 in Verbindung mit
                 etc.   ..../

    dann ...... UND - Verknüpfungen :
                 unter der Voraussetzung,
                 daß
                 im Rahmen
                 und

```
│in Verbindung mit
└etc.                        .......,
```

Diese Textausführungen entsprechen den Elementar-Regeln
in der Verhelst'schen Arbeit. Siehe auch Absatz II B 4.

Zur Erstellung der stub scheint es erforderlich zu sein,
die Kette der Bedingungen und die Aufreihung der Aktionen
aufzuspalten. Es ist nun die Frage, wie weit diese Aufgliederung getrieben werden soll, denn jede zusätzliche
Bedingung verdoppelt die Anzahl der möglichen Regelkom-
binationen. Ist es notwendig die Aufspaltung der Bedin-
gungsketten und der Bedingungen selbst bis zur "Atomi-
sierung" durchzuführen?

Beispiel IIA5.1

Die Formulierung "regelmäßige Nachtarbeit" und "unregelmäßige Nachtarbeit" stellen so, wie sie im Text vorkommen, zunächst einmal zwei Bedingungen dar. Man könnte
diese beiden Bedingungen aber weiter aufspalten :

```
Arbeit              Y Y
nachts              Y Y
regelmäßig          Y N
```

Bei derartigen Formulierungen ergeben sich drei Bedingungen. Allerdings sollte, wenn eine sinnfällige Differenzierung zwischen "tags" ("nachts N") und "nachts"
("nachts Y") (wie im vorliegenden Anwendungsbereich)
nicht angezeigt ist, auf eine gesonderte Konditionierung
des "nachts" verzichtet werden; "nachts" möge man dann
lediglich als erläuterndes Attribut zum Substantiv
"Arbeit" auffassen.

Man könnte die Bedingung "unregelmäßige Nachtarbeit" auch
als logische Negation der Formulierung "regelmäßige
Nachtarbeit" empfinden und zwar dann, wenn es im weiteren
Sinnzusammenhang des Anwendungsfalles ausschließlich auf
die Regelmäßigkeit der ausgeführten Nachtarbeit ankommt.
Dann hätte man letzten Endes nur noch eine Bedingung
(mit ihren zwei logischen Werten Y und N).

Derartige semantische Probleme sind im jeweils vorliegenden Anwendungsfall geschickt zu lösen. Daran läßt sich
aber so ungefähr ermessen, wie schwer (unmöglich) es sein
dürfte, die stub-Erstellung zu automatisieren. Weiterhin
verbieten mir solche Betrachtungen zu behaupten, daß der
weiter oben angegebene condition-stub optimal ausformu-
liert und abgefaßt sei.

Der zum Teilsystem-Zuschläge gehörende action-stub sieht
folgendermaßen aus :

```
1000    steuerpflichtig mit Grundlohn ohne Zuschlag
1025    steuerpflichtig mit Grundlohn 25 % Zuschlag
1030    steuerpflichtig mit Grundlohn 30 % Zuschlag
1040    steuerpflichtig mit Grundlohn 40 % Zuschlag
1045    steuerpflichtig mit Grundlohn 45 % Zuschlag
1050    steuerpflichtig mit Grundlohn 50 % Zuschlag
1125    steuerpflichtig mit Grundlohn 125% Zuschlag

2010    steuerpflichtig ohne Grundlohn 10 % Zuschlag
2015    steuerpflichtig ohne Grundlohn 15 % Zuschlag
2020    steuerpflichtig ohne Grundlohn 20 % Zuschlag
2030    steuerpflichtig ohne Grundlohn 30 % Zuschlag
2070    steuerpflichtig ohne Grundlohn 70 % Zuschlag
2125    steuerpflichtig ohne Grundlohn 125% Zuschlag

3015    steuerfrei mit Grundlohn 15 % Zuschlag
3030    steuerfrei mit Grundlohn 30 % Zuschlag
3045    steuerfrei mit Grundlohn 45 % Zuschlag
3050    steuerfrei mit Grundlohn 50 % Zuschlag
3100    steuerfrei mit Grundlohn 100% Zuschlag
3125    steuerfrei mit Grundlohn 125% Zuschlag

4015    steuerfrei ohne Grundlohn 15 % Zuschlag
4025    steuerfrei ohne Grundlohn 25 % Zuschlag
4030    steuerfrei ohne Grundlohn 30 % Zuschlag
4050    steuerfrei ohne Grundlohn 50 % Zuschlag
4125    steuerfrei ohne Grundlohn 125% Zuschlag
```

Die beiden voranstehenden stub präsentieren zwei Numerierungsverfahren, um zu vermeiden, daß in der gesamten
weiteren Verarbeitung der komplette, langschriftliche
Text bewältigt werden muß. Man hätte auch irgendwelche
alphanumerischen Textabkürzungen (vielleicht mittels der
DV-Anlage... oder interaktiv) generieren können, jedoch
sind solche Abbreviaturen oft dazu angetan, Mißverständ-
nisse und Mehrdeutigkeiten zu erzeugen. Außerdem darf
eine Textabkürzung nicht soweit gehen, daß die Abbrevia-
tur unverständlich wird; Abbreviaturen täuschen andererseits oft eine Verständlichkeit vor, die nur in den sel-
tensten Fällen tatsächlich gegeben ist. Die Bedenken gegenüber solchen Abkürzungen erhöhen sich noch, wenn
darangegangen wird, derartige Abbreviaturen automatisch
(maschinell) zu generieren. Ein Nummern- oder Kennziffernsystem vermeidet die erwähnten Unzulänglichkeiten,
die zwangsläufig alphanumerischen Abkürzungen anhaften.
Das Numerierungsverfahren, das beim condition - stub zur
Anwendung kam, bezeichnet in seinen ersten beiden Ziffern
fortlaufend die Gruppennummer und mit seinen beiden
letzten Ziffern die Position der einzelnen Bedingung innerhalb der jeweiligen Gruppe. Die Kennziffern in diesem
Verfahren sind bewußt frei gehalten worden von jeglicher
semantischen Bedeutung, die von der zu bezeichnenden Bedingung ausgehen könnte: den Ziffern fehlt die Interpretierbarkeit. Bei der Erstellung des action-stub ist hingegen ein interpretierbares Kennziffern-System verwandt

worden.

Bedeutung der ersten Ziffer :

1... steuerpflichtig mit Grundlohn
2... steuerpflichtig ohne Grundlohn
3... steuerfrei mit Grundlohn
4... steuerfrei ohne Grundlohn

Die nachfolgenden (oder letzten) drei Ziffern geben die Prozentzahl des entsprechenden Zuschlages an.

Ein solches interpretierbares Kennziffernsystem kann dann zu Schwierigkeiten führen, wenn die Ausführungs- reihenfolge der Aktionen mit der Zuordnung der Bedeu- tungen kollidiert. Zur Kennzeichnung einer Ausführungs- sequenz sollten die (nach der Reihenfolge ihrer Aus- führung) geordneten Aktionen gleichsinnig (aufsteigend oder absteigend) numeriert werden. Obwohl im vorliegen- den Beispiel keine Ausführungsreihenfolge gegeben ist, wurde trotzdem eine aufsteigende Kennziffernfolge ver- wendet. Im allgemeinen Fall wird man auf ein interpre- tierbares Kennziffernsystem verzichten und die geordne- ten Aktionen fortlaufend, aufsteigend durchnumerieren.

B Eingabe der Entscheidungssituation

1 Elementar-ET, Imposs-ET und Else-ET

Bisher war die Rede von einzelnen Bedingungen und Aktionen, jetzt werden diese Bedingungen und Aktionen entsprechend der Entscheidungssituation durch Konjunktionen miteinander verknüpft, wodurch es zur Bildung von Regeln im allgemeinsten Sinne kommt.

Elementar-Regeln werden eingeführt, um der Konstruktion von Entscheidungstabellen die Entscheidungssituation zugänglich zu machen. Die Abbildung der Entscheidungssituation in Elementar-Regeln, Impossibilitäten und Else-Regeln wird so vorgenommen, daß man zur Beschreibung der vollständigen Entscheidungssituation eine möglichst geringe Anzahl an Elementar-Regeln, Impossibilitäten und Else-Regeln benötigt. Die erforderliche Information wird somit in äußerst kompakter und fundamentaler Form erstellt.

Die Formulierung von Elementar-Regeln, Impossibilitäten und Else-Regeln widerstrebt dem Gedanken der indirekten Methode insofern, als man in jedem Fall gezwungen zu sein scheint, derartige elementare Bedingungskombinationen auf direktem Wege zu formulieren. Es erscheint nahezu ausgeschlossen, die Erstellung der Elementar-Regeln, Impossibilitäten und Else-Regeln systematisieren oder gar automatisieren zu können. Nichtsdestoweniger möchte ich in Absatz IIB4 durch Angabe einer speziellen Sprache den Versuch unternehmen, eine gewisse Systematik in die vorliegende Erstellungsphase zu bringen. Bereits an dieser Stelle will ich jedoch darauf hinweisen, daß ein derartiger Gedanke nicht vollends ausgereift ist und somit nur als weiterer Diskussionsanstoß gewertet werden kann.

Verhelst stellt die Elementar-Regeln, Impossibilitäten und Else-Regeln in der herkömmlichen Form boole'scher Ausdrücke dar. Das erscheint mir als eine wenig konsequente Vorgehensweise, außerdem ist die Formulierung komplexer Regeln (Elementar-Regeln, Impossibilitäten und Else-Regeln) auf diese Weise nicht statthaft, da hierdurch Assoziationen an eine zweiwertige Logik erzeugt werden, eine komplexe Regel ist jedoch ein Gebilde einer dreiwertigen Logik. Aus diesem Grunde sind auch die Beziehungen der ET-Technik zur Schaltwerktheorie nur gering und es existieren zwischen diesen beiden Fachgebieten keineswegs so viele Gemeinsamkeiten, wie sie gelegentlich von Schaltwerktheoretikern herausgestrichen werden, die der ET-Technik ihren eigenständigen Charakter abzusprechen versuchen.

Im Zuge einer Präzisierung und einer Vereinheitlichung
der Darstellungsweise ist es wohl angebracht, unver-
trägliche Schreibweisen (Regelschreibweise der ET-Technik und boole'sche Ausdrucksform) beiseite zu lassen und
Darstellungsformen anzustreben, die besser in den Gesamt-
rahmen des jeweils vorliegenden Themenkreises passen.
Demzufolge drängt es sich förmlich auf, bereits die einzelnen Elementar-Regeln, Impossibilitäten und Else-Regeln in "Regel"-Gestalt darzustellen und sämtliche anfallenden Elementar-Regeln, Impossibilitäten und Else-
Regeln in eigens hierfür eingerichteten ETs zusammenzufassen. Dadurch ergibt sich die Elementar-ET, die Imposs
-ET und die Else-ET. Selbstverständlich ist der action-
entry der Imposs-ET und der Else-ET leer. Die Einführung
der Elementar-ET, der Imposs-ET und der Else-ET bringt
nicht nur mehr Konsequenz in die Dokumentation des Entscheidungsproblems, sondern sie bedeutet auch eine we-
sentliche Erleichterung zur Systematisierung der weiteren
ET-Konstruktion und ET-Verarbeitung. Ebensolche Überlegungen führten auch zur Einführung der Implikation-ET
(siehe hierzu Absatz IIE2).

Da die Elementar-ET, die Imposs-ET und die Else-ET Tabellen sind, die weitestgehend auf direktem Wege erstellt
werden, ist eine Redundanz- und Inkonsistenzprüfung dieser ETs unerläßlich. Hierzu sehe man bitte den nachfolgenden Absatz IIB5.

Im Anschluß folgen noch einige Bemerkungen zur Formulierung der Elementar-Regeln, der Impossibilitäten und der
Else-Regeln.

	Darzustellende Entscheidungssituation :		
condition	a .NE. b	a .LE. b	a .GE. b
a .GT. b	Y	-	Y
a .EQ. b	-	Y	Y
a .LT. b	Y	Y	-

	Falsche Formulierungen, weil "impossible"		
a .GT. b	-	N	-
a .EQ. b	N	-	-
a .LT. b	-	-	N

Korrekte Formulierungen

Erläuterung der verwandten Abkürzungen :

```
.EQ.  =  gleich
.NE.  =  ungleich
.GT.  =  größer
.GE.  =  größer gleich
.LT.  =  kleiner
.LE.  =  kleiner gleich
```

Es ist nicht gestattet, folgendermaßen zu formulieren:
Wenn a nur entweder größer oder kleiner als b sein darf,
dann ist es stets ungleich b (1.Fall).
Wenn a nur gleich und kleiner b sein darf, dann gilt
stets a kleiner gleich b (2.Fall).
Wenn a nur gleich und größer b sein darf, dann ist a
immer größer gleich b (3.Fall).

Zur umgangssprachlichen Laxheit in der Formulierung ge-
sellen sich hierbei noch erschwerend Fehlverknüpfungen:
die Bedingungen werden ausschließlich durch Konjunktionen miteinander verbunden. Dadurch, daß im obigen Beispiel fälschlicherweise Disjunktionen impliziert worden
sind, haben sich impossible Bedingungskombinationen ergeben, im 1.Fall z.B. kann die Variable a nicht sowohl
größer, als auch kleiner b sein. Ähnliche Widersprüch-
lichkeiten existieren im 2. und 3. Fall. Bei der Formulierung der Elementar-Regeln, Impossibilitäten und Else-
Regeln ist, sofern diese nicht bereits vorgegeben wurde,
stete Aufmerksamkeit geboten.

Es gilt :

$$
\left\{ \bigcup_{i=1}^{LR} \text{Var } (E_i) \right\} \cup \left\{ \bigcup_{j=1}^{IM} \text{Var } (I_j) \right\} \cup \left\{ \text{ELSE-cases} \right\} = \left\{ U \right\}
$$

Die Universalmenge $\{U\}$ entspricht hier den 2^n möglichen
Bedingungskombinationen. LR bezeichnet die Anzahl der
Elementar-Regeln und IM ist die Anzahl der Impossibilitäten. Mit dieser mengentheoretischen Formel ist ein Zusammenhang zwischen der Elementar-ET und der Imposs-ET
wiedergegeben, der in Verbindung mit dem Vollständigkeitstest (siehe Absatz IIC3) noch zum Tragen kommt. Hier
mag lediglich darauf hingewiesen werden, daß zur vollständigen Darstellung einer Entscheidungssituation alle
relevanten Elementar-Regeln vorliegen müssen, wogegen
das Außerachtlassen einer Impossibilität und/oder einer
Else-Regel die Entscheidungssituation nicht verfälscht.
Wenn also Elementar-Regeln fehlen und/oder zusätzliche
Impossibilitäten und/oder Else-Regeln gegeben werden,
dann kann das Entscheidungsproblem nicht mehr korrekt

formuliert werden. Auch in dem Fall, in welchem eine
Imposs-ET und/oder eine Else-ET vollständig entfällt.
ist die korrekte Beschreibung der Entscheidungssituation gewährleistet, solange eben die Elementar-Regeln
einwandfrei und umfassend gegeben sind. Weitere Vollständigkeitsbetrachtungen befinden sich in dem Absatz
IIC2.

2 Beispiel: Teilsystem „Zuschläge"

Dem Wortlaut des Textes zur Zuschlags-Ermittlung (Absatz IIA5) folgend ergibt sich umseitige Elementar-ET.
Anstelle der stub treten die bereits erläuterten Kenn-
zahlen. Auch auf die ausführliche Darstellung des
action-entry wurde aus Platzmangel verzichtet. Der
action-entry hätte im wesentlichen Diagonalform.

Es ist natürlich auch möglich, ohne Imposs-ET auszukom-
men. Jedoch ein paar wenige Impossibilitäten erleichtern
und beschleunigen die weitere Verarbeitung enorm. Wenn
allerdings explizit Bedingungskombinationen formal ausgeschlossen werden sollen, ist die Formulierung von entsprechenden Impossibilitäten unerläßlich.

Der Versuch einer Imposs-ET wird im Anschluß an die Elementar-ET wiedergegeben. Die Tabelle erhebt keinerlei
Anspruch auf Vollständigkeit; ein besserer Kenner der
vorliegenden Materie ist möglicherweise in der Lage,
noch einige weitere Impossibilitäten zu formulieren.

Die Impossibilitäten sind auf die Weise entstanden,
daß man zunächst einmal die Verträglichkeit der einzelnen
Bedingungen innerhalb einer Gruppe in Bezug aufeinander
untersucht, dann werden Bedingungen verschiedener Gruppen
betrachtet. Die Vorgehensweise ist in der Imposs-ET angedeutet.

Elementar-ET   ... ZUSCHLAEGE

actions \ conditions	o7o1	o7oo	o6o3	o6o2	o6o1	o6oo	o5o3	o5o2	o5o1	o5oo	o4o3	o4o2	o4o1	o4oo	o3o1	o3oo	o2oo	o1oo	oooo
1ooo																			Y
1o25																	Y		
1o3o						Y					Y					Y	Y		
1o4o																	N		
1o45						Y					Y					Y	N		
1o5o						Y							Y	Y					
1o5o					Y				Y										
1125		Y						Y											
4o15 - 2o1o																Y		N	
3o15 - 2o15				Y							Y					Y	Y	N	
4o3o - 2o2o																Y		N	
3o3o - 2o2o			Y			N								Y					
3o15 - 2o3o				Y							Y					Y	N	N	
3o3o - 2o7o			Y							Y								N	
2125		N							Y										
2o15 - 3o15				Y							Y					Y	Y	N	
2o3o - 3o15				Y							Y					Y	N	N	
2o2o - 3o3o			Y			N								Y				N	
3o3o				Y							Y					Y	Y	Y	
2o7o - 3o3o			Y							Y								N	
3o45				Y							Y					Y	N	Y	
3o5o									Y										
3o5o			Y			N								Y				Y	
3loo	Y							Y											
3loo			Y							Y								Y	
3125		Y						Y											
4o15													Y						
2o1o - 4o15																Y		N	
4o25																Y		Y	
2o2o - 4o3o															Y			N	
4o5o															Y			Y	
4125		N					Y												

Imposs-ET ... ZUSCHLAEGE

0701	0700	0603	0602	0601	0600	0503	0502	0501	0500	0403	0402	0401	0400	0301	0300	0200	0100	0000
														Y	Y			
										N	Y							
							Y		Y									
						Y			Y									
			Y		Y													
			N		N													
		Y		Y														
		N		N														
			Y	Y														
	N																	Y
			N												Y			
			N											Y				
			N										Y					
			N									Y						
			N								Y							
								Y							Y			
								Y						Y				
								Y					Y					
								Y				Y						
								Y			Y							
		N													Y			
		N												Y				
		N											Y					
		N										Y						
		N									Y							

Spaltengruppen: 7.Gruppe (0701–0700) · 6.Gruppe (0603–0600) · 5.Gruppe (0503–0500) · 4.Gruppe (0403–0400) · 3.Gruppe (0301–0300) · 2.Gruppe (0200) · 1.Gruppe (0100) · 0.Gruppe (0000)

3 Beispiel: Prämienvergütung

Die nachstehende Elementar-ET und die Imposs-ET des Verhelst'schen Beispiels einer Prämienvergütung (siehe Absatz IIA4) wurden durch wiederholtes Überarbeiten des
vorliegenden Textes auf direktem Wege ermittelt.

Elementar-ET :

	E_1	E_2	E_3	E_4	E_5	E_6	E_7	E_8
sen 3	Y	-	-	Y	N	-	-	Y
sen 1	-	Y	N	-	Y	N	-	-
abs 4	Y	-	-	-	-	-	-	Y
abs 2	-	Y	-	Y	Y	-	-	-
abs 0	-	-	Y	-	-	Y	Y	-
n 15	-	-	-	-	-	Y	Y	Y
P.sen.	X	-	-	-	-	-	-	-
P.pre.1	-	X	-	-	-	-	-	-
P.pre.2	-	-	X	-	-	-	-	-
P.pdc.1	-	-	-	X	-	-	-	X
P.pdc.2	-	-	-	-	X	-	-	-
P.pdc.3	-	-	-	-	-	X	-	-
P.exc.	-	-	-	-	-	-	X	-

Imposs-ET :

	I_1	I_2	I_3	I_4
sen 3	Y	-	-	-
sen 1	N	-	-	-
abs 4	-	N	N	-
abs 2	-	Y	-	N
abs 0	-	-	Y	Y
n 15	-	-	-	-
impossible				

Ein YES (Y) wird durch eine "1", ein NO (N) wird durch
eine "O" und ein DASH (-) wird durch eine "2" im condition-entry dargestellt. Das "X" im action-entry besagt,
daß die entsprechende, hierdurch gekennzeichnete Aktion
zur Ausführung kommt, wenn die dazugehörige Bedingungskombination erfüllt ist. Ein "X" wird durch eine "1"
wiedergegeben. Der "Strich" im action-entry ist die Negation zu "X" und wird durch eine "O" dargestellt. Es
ergeben sich somit folgende Codierungen, die dann als Input zur weiteren Verarbeitung herangezogen werden.

Elementar-ET :

E_1	E_2	E_3	E_4	E_5	E_6	E_7	E_8	
1	2	2	1	O	2	2	1	
2	1	O	2	1	O	2	2	
1	2	2	2	2	2	2	1	condition-entry
2	1	2	1	1	2	2	2	
2	2	1	2	2	1	1	2	
2	2	2	2	2	1	1	1	
1	O	O	O	O	O	O	O	
O	1	O	O	O	O	O	O	
O	O	1	O	O	O	O	O	action-entry
O	O	O	1	O	O	O	1	
O	O	O	O	1	O	O	O	
O	O	O	O	O	1	O	O	
O	O	O	O	O	O	1	O	

Imposs-ET :

I_1	I_2	I_3	I_4	
1	2	2	2	
O	2	2	2	
2	O	O	2	condition-entry
2	1	2	O	
2	2	1	1	
2	2	2	2	
impossible				

Anschließend werden die beiden codierten Tabellen ge-
stürzt und es resultieren die erforderlichen Eingangs-
vektoren ERCOND (Elementary-Rule-CONDitions), ERACT
(Elementary-Rule-ACTions) und IMPOSS (IMPOSSibilities).
Bei der nachfolgenden Darstellung sind bewußt führende
Nullen weggelassen worden.

I	ERCOND (I)	ERACT(I)	I	IMPOSS (I)
1	121222	1000000	1	102222
2	212122	100000	2	220122
3	202212	10000	3	220212
4	122122	1000	4	222012
5	12122	100		
6	202211	10		
7	222211	1		
8	121221	1000		

Zur Anordnung der einzelnen Impossibilitäten innerhalb
der Imposs-ET ist noch zu sagen, daß man zweckmäßigerweise die Impossibilität mit den wenigsten relevanten
Eintragungen (mit den meisten Zweien) als erste der Verarbeitung (z.B. YDTPRC) zuführen sollte, damit dadurch
sofort eine maximale Anzahl an (Regel-)Fällen als impossible ausgeklammert werden können. Durch eine solche
Maßnahme wird die weitere Verarbeitung erleichtert und
beschleunigt.

Die oben an einem Beispiel demonstrierten Codierungen
haben sich als sehr elastisch und deswegen als brauch-
bar erwiesen. Die Inhalte der Vektoren, ERCOND, ERACT, IM-
POSS und ELSE werden im Verlauf der Verarbeitung je nach
Bedarf als Dezimalzahl, als Ziffernfolge oder als Dual-
zahl (soweit möglich) aufgefaßt.

Eine derartige Aufbereitung der drei Tabellen, Elementar-
ET, Imposs-ET und Else-ET, wie sie hier an dem Beispiel
"Premiumcompute" demonstriert wurde, ist jeweils der Er-
stellung der Elementar-Regeln, Impossibilitäten und Else-
Regeln anzugliedern.

4 Verfahren zur Eingabe der Entscheidungssituation

Im Absatz IIA2 hatte ich bereits über eine spezielle
stub-Sprache gesprochen; die nachfolgenden Betrachtungen
zielen ein wenig in dieselbe Richtung: mit der noch
näher zu spezifizierenden formalen Sprache (ET-INPUT-
Sprache) ließe sich nicht nur die Eingabe der Elementar-
Regeln, der Impossibilitäten und Else-Regeln (und vielleicht auch der Implikationen; Absatz IIF2) automatisieren, sondern auch noch die Erstellung der stub weitge-
hends systematisieren.

Der Versuch einer Sprache, der hier gegeben werden soll,
würde gewissermaßen eine Überstruktur zu der sogenannten
stub-Sprache darstellen. Die stub-Sprache befaßt sich
ausschließlich mit der Formalisierung derjenigen Teile
der jetzt zu behandelnden Sprache (ET-INPUT-Sprache), die
in dieser mit 'string' bezeichnet werden. In 'string'
sind jeweils Bedingungen und Aktionen in langschriftli-
cher oder in abgekürzter, symbolischer Form einzusetzen.

Im folgenden schließt sich eine Erläuterung der verschiedenen Sprachelemente an. Außerdem wird der Versuch einer
Syntaxbeschreibung unternommen.

Die bereits eingeführten 'string' sind einfache Zeichenfolgen, die aus allen Buchstaben, den 10 Ziffern und
diversen Sonderzeichen aufgebaut werden können. Die
übrigen Wortsymbole der Sprache zerfallen in 3 Gruppen:

1. Begrenzungssymbole   &START& , &END&
2. ET-Symbole   &IF& , &THEN& , &IMPOSS&
3. Logische Verknüpfungen &NOT& , &AND& , &OR&

Stellt man sich vor, daß die DVA nach dem Kellerprinzip
die anfallenden Zeichenfolgen aufarbeitet, dann kann
folgende Übertragungsmatrix gegeben werden:

Symbol A	--Übertragungsmatrix --(2-dimensionale ET)---								
	&START&	&END&	&IF&	&THEN&	&IMPOSS&	&NOT&	&AND&	&OR&	'string'
&START&	0,1	0,5	0,3	4	4	4	4	4	4
&END&	5, 0	1,5	4	4	4	4	4	4	4
&IF&	4,12	5,4	1	4	4	10	4	4	8
&THEN&	4,12	5,4	4	1	4	11	4	4	9
&IMPOSS&	4,12	6,5	6,3	4	1	4	4	4	4
&NOT&	4,12	5,4	4	4	4	1	4	4	17
&AND&	4,12	5,4	4	4	4	15	1	4	15
&OR&	4,12	5,4	4	4	4	16	4	1	16
'string'	4,12	7,5	7,3	13	14	4	15	16	2

Die Verknüpfung, die die obige Tabelle beschreibt,
lautet: Symbol B folgt auf Symbol in den Symbol-Keller.

 0 Beginn der Eingabe
 1 Letztes Wortsymbol gilt, das voranstehende Wortsymbol
   bleibt unberücksichtigt und wird ersetzt
 2 Illegale Folge, kann aber nicht erkannt werden
   ('string'-Analyse)
 3 Beginn einer Bedingungskette, 8 wird erwartet
 4 Fehlerausschrift
 5 Ende der Eingabe
 6 Ende einer Bedingungskette, letzter 'string' bewirkt
   eine Eintragung in der Imposs-ET
 7 Ende einer Aktionenkette, letzter 'string' bewirkt
   eine Eintragung in der Elementar-ET
 8 'string' wird als Bedingung erkannt, 13 oder 14 abwarten, alle 'strings' bis zum Eintreten von 13 oder
   14 zwischenspeichern
 9 'string' wird als Aktion erkannt, 7 abwarten, alle
   'strings' bis zum Eintreten von 7 zwischenspeichern
10 Negierte Bedingung, 17 wird erwartet
11 Negierte Aktion (Kann weggelassen werden)
12 &END& fehlt
13 Ende einer Bedingungskette. Beginn einer Aktionenkette
   Eintragung der gespeicherten 'strings' in die Elementar-ET
14 Ende einer Bedingungskette, Eintragung der zwischen-
   gespeicherten 'strings' in die Imposs-ET
15 Fortsetzung einer Bedingungs- oder Aktionenkette
   (dieselbe Regel)
16 Fortsetzung einer Bedingungskette, nächstes &THEN&
   oder &IMPOSS& muß abgewartet werden, alle auftretenden 'strings' zwischenspeichern; es erfolgt eine
   Spaltung der Regel, wobei zu beachten ist, daß die
   Trennung der einzelnen 'strings' korrekt durchgeführt
   wird; jeder 'string' muß in die ihm gemäße Regel eingebaut werden. Folgt auf 16 ein &IF& oder &END&, dann
   ist das &OR& in einer Aktionenkette aufgetreten, was
   zu Widersprüchen in der ET führt. Fehlernotiz
17 Eintragung eines N für den nachfolgenden 'string'
   in die entsprechende ET

Mit der angegebenen Übertragungsmatrix habe ich den Versuch unternommen, die elementarsten Syntax-Strukturen der
ET-INPUT-Sprache anzudeuten. Eine derartige Sprache könnte natürlich weiter ausgebaut werden. Dazu würde man
wohl zunächst die Menge der Wortsymbole erweitern: Als
weiteres, spezielles ET-Symbol sollte man vielleicht ein
alternatives &ELSE& einführen, das ähnliche Funktionen
vorweist, wie das 'else'-Symbol in ALGOL 60. Als nächstes
wäre es wohl sinnvoll zur Durchbrechung der streng se-
quentiellen 'string'-Aufreihung Klammern -(,)- in das
Konzept mitaufzunehmen.

Weitere logische Bedingungsoperatoren wären eventuell &EQUIV& (Äquivalenz), &DIFF& (Ungleichheit), &IMPLIC& (Implikation) etc., Weiterhin empfiehlt es sich bestimmt, eine 'string'-Unterstruktur (stub-Sprache) zu konzipieren. Hierzu wären arithmetische Vergleichsoperationen wie &NOTEQ&, &EQUAL&, &LESS&, &GREAT&, &GRTEQ&, die Rechenarten "+", "-", "x", ":", "power" sowie Klammern - "(,)" - und eine Ergibt-Anweisung vorzusehen.

Eine zulässige Formulierung in der ET-INPUT-Sprache wäre beispielsweise folgende:

```
&STAR&
&IF& B1 &BAND& &NOT& B3 &OR& (B5 &AND& B7)&AND& B9
&THEN& A1 &AND& A5 &AND& A7
&END&
```

Die auftretenden 'strings' B1, B3, B5, B7, B9, A1, A5 und A7 sind folgendermaßen aufgebaut (stub-Sprache) :

```
B1  =  a &GREAT& 10
B3  =  a &GREAT& 50
B5  =  Er kommt mit der Straßenbahn
B7  =  b &LESS& 20
B9  =  (a+b) 'power' 2/25 &LESS& 225

A1  =  f.  =  a+5.b
A5  =  Abholen von der Straßenbahn
A7  =  g.  =  f+1
```

Das etwas stark konstruierte Beispiel mag veranschaulichen, wie das Arbeiten mit der ET-INPUT-Sprache gedacht ist. Der Urtext, der zunächst einmal die Beschreibung der Entscheidungssituation enthält, wird auf einfache Weise in die ET-INPUT-Sprache transformiert, dann erfolgt die Eingabe der ET-INPUT-Formulierungen. Transformations- und Eingabe-Phase können allerdings auch zusammengefaßt werden, wobei dann die Eingabe des transformierten Urtextes unmittelbar beispielsweise (interaktiv) am Terminal geschehen kann. Diese Vorgehensweise ermöglicht eventuell den Einsatz von (einigermaßen geübten) 'Hilfs'kräften, die nicht notwendig einen tiefen Einblick in die Gesamt-Entscheidungssituation als Voraussetzung mitbringen müssen.

Die ET-INPUT-Sprache ermöglicht vielleicht den Einstieg in die automatische stub-Erstellung (mit anschließender Komprimierung etc.) unter gleichzeitiger Eingabe der Elementar-Regeln, Impossibilitäten und Else-Regeln. Eine derartige Sprache scheint es wert zu sein, daß man über sie diskutiert; möglicherweise wird sie einmal zum fundamentalen Bestandteil eines ET-Prozessors.

Die gegenwärtigen Möglichkeiten zur Eingabe der Elementar-

Regeln, Impossibilitäten und Else-Regeln sind bei weitem
nicht so komfortabel, wie die soeben angedeutete ET-INPUT-
Sprache. Als Eingabe-Verfahren bieten sich im wesentlichen
zwei Vorgehensweisen an, erstens: die implizite Eingabe
der Regeln mittels einer solchen ET-INPUT-Sprache und
zweitens: die explizite Eingabe durch das Programm YDTIPT
(siehe Absatz IIB6) des ET-Generators YDTGEN.

Im ersten Fall sind Eingabe-Formulierungen möglich, wie
z.B. "immer", wenn Bedingung1 und Bedingung2 übereinstimmen, dann soll eine bestimmte Aktionenkette ausgeführt
werden". Im zweiten Fall sind derartige, prägnante Formulierungen nicht möglich, sondern man ist bei der Eingabe
der Regeln gezwungen , für jede Bedingung einer solchen
Regel explizit den aussagelogischen Wert (YES, NO oder
DASH) anzugeben.

5 Redundanz- und Widerspruchstest

Sobald Entscheidungstabellen auf direktem Wege konstruiert werden, ist es unerläßlich, zur Sicherung der Re-
dundanz- und Widerspruchsfreiheit einen entsprechenden
Test anzustrengen.

In der vorliegenden Arbeit wird die indirekte Methode
nach den Gedanken von Verhelst(Lit.IB4.1.1) behandelt.
Die indirekte Methode hat - wie bereits gesagt - im
speziellen den Vorzug, daß sie eine systematische Generierung von konsistenten, d.h. redundanz- und wider-
spruchsfreien endgültigen Entscheidungstabellen ermöglicht. Die Vorteile der indirekten Methode sind allerdings nur mit Einschränkungen zu preisen. Die Kette, der
Erstellungsphasen nach der indirekten Methode birgt zwei
schwache Glieder, die entsprechende Vorbehalte gegenüber
der Methode rechtfertigen. Die Unzulänglichkeiten der
Methode können durch zusätzlichen Erstellungs- und Verarbeitungsaufwand überwunden werden.

Die beiden schwachen Glieder sind erstens das Splitting
beim Auftreten zu großer ETs (siehe hierzu Abschnitt IIC)
und zweitens die Konstruktion der Elementar-ETs, der
Imposs-ETs und der Else-ETs auf direktem Wege. Die zweite der soeben genannten Schwierigkeiten hat ihre Ursache
keineswegs in der Einführung der Elementar-ET, der Imposs-ET und der Else-ET. Auch wenn man bei der Verhelst'-
schen Schreibart bleibt, lösen sich die besagten Schwä-
chen nicht in Wohlgefallen auf. Bei der neu eingeführten
Schreibweise der Elementar-Regeln, Impossibilitäten und
Else-Regeln treten die aufgezeigten Unzulänglichkeiten
offensichtlicher zu Tage. Wenn z.B. sich widersprechende
Elementar-Regeln vorgegeben werden, dann ist die Inkon-
sistenz der endgültigen, auf indirekte Weise erstellten
Entscheidungstabelle eine unabdingbare Konsequenz.

Zur Definition von Redundanzen und Widersprüchen möchte
ich der Arbeit von Verhelst folgen und zunächst den Begriff der 'abhängigen' Regel erläutern.

Für zwei abhängige Regeln R_a und R_b gilt :

$$\text{Var } (R_a) \cap \text{Var } (R_b) \neq \emptyset$$

Zwei Regeln heißen genau dann abhängig von einander, wenn
in diesen zwei Regeln keine Bedingung gefunden werden
kann, die in der einen Regel ein YES und in der anderen
Regel ein NO aufweist.

Siehe Abb.IIB5.1 aus (LIT.IB4.1.1)

	R_1	R_2	R_3	R_4	R_5	R_6
C_1	N	N	N	Y	Y	N
C_2	N	-	Y	-	N	Y
C_3	N	N	N	-	N	N
C_4	N	Y	Y	N	N	Y
A_1	X	X	X	-	-	X
A_2	-	X	-	X	X	-
A_3	-	-	X	X	X	X

Die obige Tabelle enthält vier Paare abhängiger Regeln:
$R_2 R_3$, $R_2 R_6$, $R_3 R_6$, $R_4 R_5$.

Jedes dieser Paare $R_a R_b$ wird nun weiter analysiert. Von
Pollak wird in (Lit. IIB5.1) ein Entscheidungsverfahren
vorgeschlagen, das derartige Paare abhängiger Regeln auf
Redundanzen und Widersprüchen untersucht. Die entsprechende ET ist in Abb. IIB5.2 wiedergegeben.

Wendet man die ET aus Abb. IIB5.2 auf die Tabelle aus
Abb. IIB5.1 an, so ergibt sich, daß

R_6 ist redundant, weil sie mit R_3 identisch ist.

R_5 ist redundant, weil sie in R_4 enthalten ist.

R_2 und R_3 sind widersprüchlich.

Zur Feststellung abhängiger Regelpaare könnte man folgendermaßen vorgehen. Es ist notwendig, jede Regel mit jeder

anderen in Beziehung zu setzen, wobei jedoch der Vergleich zwischen R_a und R_b und zwischen R_b und R_a zu demselben Ergebnis führt.

Abb. IIB5.2 :

	1	2	3	4	Else
Bedingungsteil von R_a ist gleich Bedingungsteil R_b	Y	N	N	-	
Aktionsteil von R_a ist gleich Aktionsteil R_b	Y	Y	Y	N	
R_a ist einfache Regel	-	Y	N	-	
R_b ist einfache Regel	-	N	Y	-	
redundante Regel	b	a	b	-	-
R_a und R_b sind widersprüchlich	-	-	-	X	-
Keine Redundanzen oder Widersprüchlichkeiten sind entdeckt worden	-	-	-	-	X

Zunächst könnte man auf Identität der condition-part testen; dazu fragt man, ob die Differenz der beiden codierten condition-part gleich Null ist. Sollte das der Fall sein, dann liegt echt eine Gleichheit der condition-part und damit eine Abhängigkeit der beiden zu analysierenden Regeln vor. Andernfalls muß man wohl die condition-part mit YDIGIT (siehe Unterabsatz IIE1.1) zerlegen und einen ziffernweisen Vergleich anstrengen. Die diesbezüglich anzustellenden Abfragen entsprechen denjenigen aus YDTREC (siehe Absatz IIB7). YDTREC ermittelt ebenfalls nach abhängigen Regelpaaren und wenn

sich eines gefunden hat, dann wird in gewissen Fällen
durch die Komplementersetzung die Abhängigkeit beseitigt.

Bisher wurde nur der Bedingungsteil zur Untersuchung
herangezogen, nun wird im weiteren auch noch der Aktionenteil erfaßt. Da jedoch der Aktionenteil grundsätzlich
nur zwei verschiedene Eintragungen besitzt und da man
lediglich die Gleichheit (bzw. die Ungleichheit) zweier
action-parts überprüfen muß, kommt man mit einem einfachen arithmetischen Vergleich (EQUAL) aus. Weitere Vorgehensweisen ergeben sich aus der in Abb.IIB5.2 wiedergegebenen Entscheidungstabelle. Leider ist die von Pollack vorgeschlagene Tabelle nicht ganz vollständig. Zu
der Tabelle in Abb.IIB5.1 möchte ich noch zwei Regeln
hinzufügen :

R_7	R_8	R_9	codiert:	R_7	R_8	R_9
Y	Y	Y		1	1	1
N	–	N		0	2	0
–	Y	–		2	1	2
N	N	N		0	0	0
–	X	X		0	1	1
X	–	–		1	0	0
X	–	–		1	0	0

Ich will nun die Paare R_4 R_7 und R_4 R_8 und R_8 R_9 untersuchen. Die Variationen Var (R_7) sind allesamt in den
Var (R_4) enthalten, da die action-parts von R_4 und R_7
gleich sind, liegt eine Redundanz vor, die die Regel R_7
entbehrlich macht. Die Var (R_8) sind ebenfalls in den
Var (R_4) enthalten; die Regeln R_4 und R_8 führen auf einen
Widerspruch. Auch das dritte Paar ist per definitionem
ein Paar abhängiger Regeln, für welche gilt :

$$\text{Var } (R_8) \cap \text{Var } (R_9) \neq \emptyset$$

Das bedeutet, daß die beiden Regeln gemeinsame Variationen besitzen, d.h. aber, daß redundante Fälle vorliegen,
da sich die beiden betreffenden action-parts entsprechen.

Mit den abgekürzten Schreibweisen Cond (R) für 'Bedingungsteil der Regel R' und Act (R) für 'Aktionsteil der
Regel R' ergibt sich nachstehende vervollständigte ET :

R_a R_b abhängig	Y	Y	Y	Y	Y	Y	N
Cond (R_a) = Cond (R_b)	Y	N	N	N	-	N	
Act (R_a) = Act (R_b)	Y	Y	Y	Y	N	Y	
R_a einfache Regel	-	Y	N	N	-	Y	
R_b einfache Regel	-	N	Y	N	-	Y	
redundante Fälle	X	X	X	X	-	impossible	
redundante Fälle streichen	b	a	b	-	-		
R_a und R_b sind widersprüchlich	-	-	-	-	X		
Sonderuntersuchung	-	-	-	X	-		
Keine Redundanzen oder Widersprüche sind entdeckt worden	-	-	-	-	-		X

Die 'Sonderuntersuchung' besteht darin, daß man feststellt, welcher der nachfolgenden Zusammenhänge gegeben ist.

Sonderuntersuchung

$Var(R_a) \cup Var(R_b)$ = $Var(R_a)$	N	N	Y
$Var(R_a) \cup Var(R_b)$ = $Var(R_b)$	N	Y	N
R_a redundant. R_a streichen	-	-	X
R_b redundant. R_b streichen	-	X	-
Redundanzen mitführen	X	-	-

Die Sonderuntersuchung macht auf jeden Fall die ziffernweise Analyse der abhängigen Regeln erforderlich.

R_{ak} = ist die k-te Ziffer der a-ten Regel   (codiert)

R_{bk} = ist die k-te Ziffer der b-ten Regel   (codiert)

Für das Vergleichspaar (R_{ak}, R_{bk}) ergeben sich neun verschiedene Möglichkeiten. Die Fälle (0,1) und (1,0) sind
ausgeschlossen, da sonst die Regeln R_a und R_b unabhängig
voneinander wären. Solange R_{ak} gleich R_{bk} ist, kann zur
Prüfung der nächsten Ziffer übergegangen werden. Das Auftreten der restlichen vier Fälle (0,2), (1,2), (2,0) und
(2,1) muß man zählen; dabei ist die Häufigkeit des Auf-
tretens von (0,2), (1,2) und (2,0), (2,1) getrennt zu
registrieren. Ist eine dieser derart ermittelten Zahlen
gleich "0" (und die andere größer gleich "0"), so ist
die Vereinigung der beiden Mengen Var (R_a) und Var (R_b)
gleich einer der beiden Mengen; die Regel mit der obig
ermittelten Häufigkeit "0" kann gestrichen werden. Sind
dagegen die Häufigkeiten größer gleich "0", dann enthalten zwar die beiden Regeln redundante Fälle, die aber
fester Bestandteil der Regel sind und nicht separiert
werden können; die Streichung einer der beiden Regeln
ist in diesem Fall nicht zulässig, da sonst auch relevante Fälle zerstört würden.

Noch eine weitere Schwierigkeit birgt der Redundanz- und
Widerspruchstest. Dieser Test findet seine Anwendung
nicht nur an den kleinen Tabellen, sondern er wird im
wesentlichen dazu eingesetzt, wie bereits erwähnt, um die
Konsistenz der ungesplitteten Elementar-ET, der Imposs-
ET und der Else-ET zu prüfen. Die zu untersuchenden Regeln
enthalten vielleicht maximal 16 (oder 32) Bedingungen.
Die Probleme, die sich aus diesem Umstand ergeben, entsprechen den Schwierigkeiten beim Vollständigkeitstest,
beim Splitting und beim Dashing großer Tabellen. Hierüber
wird zum gegebenen Zeitpunkt (Absatz IIE1) noch gesprochen; vorerst möchte ich dieses Problem zurückstellen,
ohne jedoch versäumt zu haben, darauf hinzuweisen, daß
eine Bewältigung dieser Schwierigkeiten die Gestaltung
der in diesem Abschnitt vorgestellten Algorithmen erheblich komplizieren dürfte.
Die in diesem Absatz bisher angestellten Betrachtungen
im Zusammenhang mit der Behandlung von Redundanzen und
Widersprüchen gelten natürlich nur in Bezug auf eindeutige Entscheidungstabellen. Sollten mehrdeutige ETs vorliegen, dann treffen die hier gemachten Begriffsbildun-
gen nicht mehr ohneweiteres zu und man ist veranlaßt,
zu neuen Definitionen überzugehen. (Siehe hierzu auch
Absatz IIIB2.)

6 Der Generatorteil YDTIPT

Der Generatorteil YDTIPT bewerkstelligt die alphanume-
rische Eingabe der Entscheidungssituation und die Eintragungen entsprechender 0,1,2-Codierungen in die korrespondierenden Tabellen. Abschließend erfolgt die Ausgabe des vorliegenden Entscheidungproblems auf Drucker.

Die eigentliche Eingabe erfolgt bei der hier implemen-
tierten Version über Lochkarten. Dabei sind verschiedene
Definitionskarten anzugeben, die die Zuordnung zwischen
den Eingabedaten und den dafür vorgesehenen Tabellen
definieren und steuern. Die Definitionskarten werden vom
Programm YDTIPT in einer bestimmten (festgesetzten) Reihenfolge erwartet; wird die vorgeschriebene Sequenz
nicht eingehalten oder fehlen einige der Definitionskarten, dann bricht der Generatorlauf mit einer diesbezüg-
lichen Fehlermeldung ab.

Die Karteneingabe hat folgendes Format :
(Der Unterstreichungsstrich symbolisiert einen 'blank'.)

```
Spalten-Nr. :
1 2 3 4 5 6 7 8 9 . . . 12 . . . .18 . . . . 24 . . . 30

_ + _  B E G I N

_ + _  P R O B L M         6         1          0          0
                          nsmax     consis     eldash     redund

_ + _  C O N D S T
       condition-stub

_ + _  A C T S T B
       action-stub

_ + _  I M P O S S
       impossibilities

_ + _  E L E M R L
       elementary-rules

_ + _  L S E C A S
       else-cases

_ + _  F I N I S H
```

Die Definitionskarten haben in der 1. und 3. Spalte stets
einen 'blank' und in der 2. Spalte ein '+' (Pluszeichen).
In Spalte 4 und 5 stehen in diesen Karten die Schlüssel-
zeichen, die die einzelnen Karten für das Programm näher
typisieren.

BEVOR ICH NUN DIE KARTENEINGABE DURCH YDTIPT IM EINZELNEN
SPEZIFIZIERE, MOECHTE ICH HIER VORAB DIE VERWENDETE KARTEN-
FOLGE ZUR EINGABE DES BEISPIELS DER PRAEMIENVERGUETUNG
(SIEHE ABSATZ IIA4) ANBRINGEN.

```
+ BEGIN
+ PROBLM   7      1      1
+ CONDST
SEN 3***,SEN 1***,ABS 4***,ABS 2***,ABS 0***,N 15****
+ ACTSTR
P,SEN***,P,PRE, 1,P,PRE. 2,P,PDC, 1,P,PDC, 2,P,PDC, 3,P
+ IMPOSS
Y N
- - N Y
- - N - Y
- - - N Y
+ ELEMRL
Y - Y
X
- Y - Y
- X
- N - - Y
- - X
Y - - Y
- - - X
N Y - Y
- - - - X
- N - - Y Y
- - - - - X
- - - - Y Y
- - - - - - X
Y - Y - - Y
- - - X
+ LSECAS
+ FINISH
```

DER OUTPUT VON YDTIPT BEZUEGLICH DER HIER ANGEGEBENEN ENT-
SCHEIDUNGSSITUATION DER PRAEMIENVERGUETUNG BEFINDET SICH AM
ENDE DES ABSATZES IIB6 (SIEHE DORT).

Die Bedeutung der einzelnen Definitionskarten :

_+_BEGIN   signalisiert den Anfang der ET-Eingabe
_+_PROBLM   dient zur Parametrisierung. Hier ist in Spalte
             12 der Wert für nsmax angegeben. Es gilt dabei:

$$3 \leqslant nsmax \leqslant 8 \quad und \quad n-nsmax \leqslant 14$$

             Wird in Spalte 18 eine "1" angegeben, dann kon-
             struiert der Generator nach Ausführung diverser
             Tests das endgültige ET-System und bringt es
             zur Ausgabe. Steht in Spalte 18 allerdings
             nichts oder eine "O", dann arbeitet der Genera-
             tor als Konsistenztest und zur Ausgabe gelangen
             lediglich die nichtkategorisierten Fälle. Diese
             Maßnahme dient zum Austesten der Eingabewerte
             und reduziert in der Testphase den Umfang des
             Outputs und die effektive Ausgabezeit.
             Wird in Spalte 24 nichts oder eine "O" gegeben,
             so gelangen die nichtkategorisierten Fälle
             lediglich in der nichtkonsolidierten Form zur
             Ausgabe. Wird in Spalte 24 eine "1" angegeben,
             dann werden die nichtkategorisierten Bedin-
             gungskombinationen sowohl konsolidiert als
             auch nichtkonsolidiert ausgedruckt.
             Steht in Spalte 30 nichts oder eine "O", dann
             liegt YDASH in der Normalform vor. Wird in
             diese Spalte jedoch eine "1" eingetragen, dann
             wird in YDASH ein Programmteil aktiviert, der
             die sich beim Dashing eventuell ergebenden
             Redundanzen und formalen Mehrdeutigkeiten zu
             beseitigen versucht.

_+_CONDST   kennzeichnet den Beginn der Eingabe der condi-
             tion-stub-Einträge. Die nachfolgenden Karten
             enthalten die Formulierungen des condition-
             stub. Pro stub-Eintrag werden stets 8 alpha-
             numerische Zeichen akzeptiert. Die Einträge
             werden durch Kommata voneinander getrennt. Die
             Kommata stehen immer in den Spalten 10,19,28,
             37,46,55,64,73; vor dem ersten und nach dem
             letzten Eintrag darf kein Komma stehen. Die
             Spalte "1" bleibt leer und in Spalte 74 wird,
             falls erforderlich, ein 'C' geschrieben zum
             Zeichen, daß die Eingabe des condition-stub
             auf der nächsten Karte fortgesetzt wird. Aus
             dem bisher Gesagten ergibt sich, daß auf einer
             Karte maximal 8 stub-Einträge Platz finden.
             Insgesamt können mindestens 20 Bedingungen
             (stub-Einträge) formuliert und angegeben werden.
_+_ACTSTB   kennzeichnet den Beginn der Eingabe der action-
             stub-Einträge. Die nachfolgenden Karten ent-
             halten die Formulierungen des action-stub; das
             Format dieser Karten ist identisch mit dem
             unter "_+_CONDST" beschriebenen. Maximal können

jedoch hierbei 64 Aktionen (stub-Einträge) angegeben werden.

_+_IMPOSS kennzeichnet den Beginn der Impossibilitäten-Eingabe. Die nachfolgenden Karten enthalten die logischen Bedingungswerte der Impossibilitäten; auf einer solchen Karte sind die Werte jeweils einer Impossibilität angegeben.
Das Format dieser condition-parts ist folgendermaßen vereinbart :
. 1. Spalte bleibt leer; für jeden aussagelogischen Wert stehen dann ab Spalte 2 jeweils zwei Zeichen zur Verfügung. Die Anzahl der Werte stimmt mit der Anzahl "n" der condition-stub-Einträge überein. Die geltenden Codierungen lauten:

```
YES   : Y_   Bedingung trifft zu
YSTAR: YY̅   Bedingung trifft zu, impliziert
NO    : N_   Bedingung trifft nicht zu
NSTAR: N̅N̅   Bedingung trifft nicht zu,impliziert
DASH  : -_
      : NY̅   indifferent
      : YN
      : __   (2 blanks)
```

Maximal können 128 Impossibilitäten auf diese Weise vorgegeben werden.

_+_ELEMRL kennzeichnet den Beginn der Eingabe der Elementar-Regeln. Die nachfolgenden Karten enthalten die logischen Werte der. Bedingungen und Aktionen. Jeweils eine Elementar-Regel wird auf zwei oder drei Karten angegeben. Die erste dieser Karten enthält die Angaben über den condition-part. Hierfür gelten die Bemerkungen wie unter "_+_IMPOSS". Die nächste (oder .die nächsten beiden - falls mehr als 32 Aktionen definiert sind) enthält die Werte des jeweiligen action-part. Pro Karte können maximal 32 Werte angegeben werden. Die 1. Spalte bleibt frei und jede der ab Spalte 2 gelochten Werte umfaßt zwei Zeichen. Sofern mehr als 32 Aktionen-Werte eingegeben werden sollen, muß in Spalte 73 der ersten Aktionen-Karte ein 'C' (continue-Vermerk) stehen; anschließend wird das Einlesen der Aktionen-Kette auf der nachfolgenden Karte fortgesetzt. Die Anzahl der Aktionen-Werte stimmt mit der Anzahl "m" der definierten action-stub-Einträge überein.

Die geltenden Codierungen lauten :

```
X      : X_   auszuführende Aktionen
NOAC  :: -_̅   nichtauszuführende Aktionen
       : __   (2 blanks)
```

```
IM ANSCHLUSS WIRD DER OUTPUT WIEDERGEGEBEN, DER SICH
DURCH YDTIPT AUFGRUND DES BEISPIELS DER PRAEMIENVER-
GUETUNG (SIEHE ABSATZ IIA4) ERGEBEN HAT.


BEGIN OF DECISION TABLE INPUT

PROBLM-CARD..       NSMAX = 7      CONSIS = F
                    ELDASH = T     REDUND = F


FOLLOWING STUB-ENTRY IS CONDITION-STUB-ENTRY

SEN 3***     SEN 1***     ABS 4***     ABS 2***     ABS 0**
NUMBER OF CONDITIONS =   6

NEXT STUB-ENTRIES ARE ACTION-STUB-ENTRIES

P,SEN***     P.PRE. 1     P.PRE. 2     P,PDC, 1     P,PDC.
NUMBER OF ACTIONS =    7




BEGINNING OF IMPOSS-TABLE - READ THE IMPOSSIBILITIES!



OUTPUT OF IMPOSSIBILITIES



              SSAAA N
              EEBBB
              NNSSS 1
                    5
              31420 *
              ***** *
              ***** *
              ***** *

IMPO-NR.  1      Y----  -
IMPO-NR.  2      --NY-  -
IMPO-NR.  3      --N-Y  -
IMPO-NR.  4      ---NY  -
```

```
START TO READ ELEMENTARY-RULES, COLLECT THEM IN THE ELE


OUTPUT OF ELEMENTARY-RULES


                    SSAAA N             PPPPPPP
                    EFBBB               .......
                    NMSSS 1             SPPPPPE
                          5             EKRDDDX
                    31420 *             NEECCCC
                    ***** *             *......
                    ***** *             *     *
                    ***** *             *12123*

LRUL-NR.  1         Y-Y-- -             X------
LRUL-NR.  2         -Y-Y- -             -X-----
LRUL-NR.  3         -N--Y -             --X----
LRUL-NR.  4         Y--Y- -             ---X---

LRUL-NR.  5         Y-Y-- Y             ---X---
LRUL-NR.  6         NY-Y- -             ----X--
LRUL-NR.  7         -N--Y Y             -----X-
LRUL-NR.  8         ----Y Y             ------X



BEGIN OF ELSE-CASE-INPUT



OUTPUT OF ELSE-CASES
END OF DECISION TABLE INPUT


'FINISH' OF DECISION TABLE INPUT
```

Maximal können 128 Elementar-Regeln vorgegeben werden.

_+_LSECAS kennzeichnet den Beginn der Eingabe der Else-Fälle. Die nachfolgenden Karten enthalten die logischen Bedingungswerte der einzelnen Else-Regeln. Die Bemerkungen bezüglich Format und Menge der Eingabe können analog zu den Äußerungen aus "_+_IMPOSS" übernommen werden. Maximal können 128 Else-Regeln vorgegeben werden.

_+_FINISH kennzeichnet das Ende der ET-Eingabe.

Das Programm YDTIPT analysiert die Eingabe, meldet eventuelle Fehler (Eingabe muß dann korrigiert werden), codiert die Eingabe-Werte und verteilt diese auf die dafür eingerichteten Tabellen.

        Imposs-ET   : IMPO (oder IMPOSS)
        Elementar-ET   : ERCOND-ERACT
        Else-ET   : ELSE

Außerdem werden ermittelt:
    Die Anzahl der Bedingungen n
                    Aktionen m
                    Impossibilitäten imp
                    Elementar-Regeln lrul
                    Else-Regeln iels
                    8-er Bedingungsblöcke n8
                    8-er Aktionenblöcke m8

YDTIPT ruft die Programme YDASH (siehe Absatz IIE1 - zur Konsolidierung der eingegebenen Tabellen), YSTUB (siehe Absatz IIE3.1 - zur Generierung der stub-Ausgabe) und YDTOUT (siehe Absatz IIE3.2 - zur aufbereiteten Ausgabe der Tabellen).

Durch den Aufruf von YSTUB wird aus der Eingabe der condition-stub- und action-stub-Einträge (CONRY und ACTRY) der ausgebbare condition- und action-stub (COSTUB und ACSTUB) erzeugt, der dann als fester Bestandteil einer jeden ET-Ausgabe gilt.

Die Übergabe der in YDTIPT ermittelten Werte geschieht durch die COMMON-Bereiche (FORTRAN-Konventionen) an die anschließenden Programme YDTREC und YDTPRC.

7 Der Generatorteil YDTREC

Der Generatorteil YDTREC testet die einzelnen, eingegebenen Tabellen auf Redundanzen und Widersprüche. Redundanzen werden, sofern sie separabel sind, beseitigt· Das Beseitigen dieser Redundanzen geschieht entweder durch Spezifizierung von "don't cares" aufgrund der Komplementersetzung oder durch Streichung ganzer Regeln.

Beim Test der Eingabe-Tabellen werden die jeweiligen Tabellen regelweise untersucht und die Verträglichkeit jeder einzelnen Regel in bezug auf alle anderen geprüft.
Separierbare Redundanzen werden behoben, wogegen bei Widersprüchen eine Ausgabe der widersprüchlichen Regel
(in 0,1,2-Codierung) erfolgt.

Das Programm YDTREC steuert den Ablauf des Redundanz- und
Widerspruchstest. Zunächst werden die Tabellen in sich
überprüft und anschließend auf gegenseitige Abhängigkeiten untersucht. Damit Fälle wie z.B. eine impossible
Elementar-Regel etc. erkannt und ausgeschlossen werden
können. Die Tests selbst werden durch Aufruf des Programms YDISJN (siehe Absatz IIB7.1) durchgeführt. Weiterhin steuert YDTREC die Ausgabe der als redundanz- und
widerspruchsfrei erkannten Tabellen (YDTOUT - siehe
Absatz IIE3.2)

7.1 Die Prozedur YDISJN

Das Programm YDISJN führt den eigentlichen Redundanz-
und Widerspruchstest durch. Das Programm geht dabei regelweise vor. Die einzelnen Regeln werden ziffernweise
miteinander verglichen. Aufgrund der 0,1,2-Codierung
lassen sich durch einfaches Abfragen leicht Überschnei-
dungen der Variationen der beiden jeweils zu vergleichen-
den Regeln feststellen (abhängige Regeln). Derartige
Abhängigkeiten werden dann eingehender analysiert. Einfache, separable Redundanzen werden durch Komplementersetzung oder durch Elimination ganzer Regeln beseitigt.
Bei erkannten Widersprüchen erfolgt die Ausgabe der sich
widersprechenden Regeln (in 0,1,2-Codierung) in Verbindung mit den dazugehörigen, fortlaufenden Regelnummern.
Nach einer solchen Fehlerausgabe unterbricht der Generatorlauf und der Anwender ist veranlaßt, seine Tabellen-
formulierungen zu überdenken und gegebenenfalls zu
korrigieren.

Die Logik des Programms YDISJN ist im wesentlichen in
Absatz IIB5 beschrieben.

Nach dem letzten fehlerfreien Durchlauf von YDISJN, also
mit Ende der Routine YDTREC, sind alle eingelesenen Regeln (Impossibilitäten, Else-Regeln und Elementar-Regeln) (weitgehend) disjunkt (ausgenommen sind die nicht-
separablen Abhängigkeiten).

Es folgt der Output von YDTREC in bezug auf das Beispiel
der Prämienvergütung (siehe Absatz IIA4). Die durch
YDTIPT eingelesenen Tabellen werden auf ihre Konsistenz
untersucht.

```
REDUNDANCY CHECK OF ELEMENTARY-DT

ELMENTARY-DT IS CONSISTENT IN ITSELF


                  SSAAA N                     PPPPPPP
                  EEBBB                       .......
                  NNSSS 1                     SPPPPPE
                        5                     ERRDDDX
                  31420 *                     NEECCCC
                  ***** *                     *......
                  ***** *                     *      *
                  ***** *                     *12123*

LRUL-NR.  1       Y-Y-- -                     X------
LRUL-NR.  2       -Y-Y- -                     -X-----
LRUL-NR.  3       -N--Y -                     --X----
LRUL-NR.  4       Y--Y- -                     ---X---

LRUL-NR.  5       Y-Y-- Y                     ---X---
LRUL-NR.  6       NY-Y- -                     ----X--
LRUL-NR.  7       -N--Y Y                     -----X-
LRUL-NR.  8       ----Y Y                     ------X


REDUNDANCY CHECK OF IMPOSS-DT

IMPOSS-DT IS CONSISTENT IN ITSELF


                  SSAAA N
                  EFBBB
                  NNSSS 1
                        5
                  31420 *
                  ***** *
                  ***** *
                  ***** *

IMPO-NR.  1       YN--- -
IMPO-NR.  2       --LY- -
IMPO-NR.  3       --L-Y -
IMPO-NR.  4       ---NY -
```

```
CONSISTENCE CHECK..LRUL-IMPOSS

ELEMENTARY-IMPOSS-DTS ARE FREE OF CONTRADICTION


                    SSAAA N                 PPPPPPP
                    EEBBB                   .......
                    M SSS 1                 SPPPPPE
                          5                 EKRDDUX
                    31420 *                 NEECCCC
                    ***** *                 *......
                    ***** *                 *     *
                    ***** *                 *12123*

LRUL-NR.  1         Y-Y-- -                 X------
LRUL-NR.  2         -Y-Y- -                 -X-----
LRUL-NR.  3         -N--Y -                 --X----
LRUL-NR.  4         Y--Y- -                 ---X---

LRUL-NR.  5         Y-Y-- Y                 ---X---
LRUL-NR.  6         NY-Y- -                 ----X--
LRUL-NR.  7         -N--Y Y                 -----X-
LRUL-NR.  8         ----Y Y                 ------X



                    SSAAA N
                    EFBBB
                    NNSSS 1
                          5
                    31420 *
                    ***** *
                    ***** *
                    ***** *

IMPO-NR.  1         YN--- -
IMPO-NR.  2         --NY- -
IMPO-NR.  3         --N-Y -
IMPO-NR.  4         ---NY -
```

C Splitting und Coupling von Entscheidungstabellen

1 Warum Splitting?

Unter dem Begriff "Splitting" versteht man die Zergliederung von Tabellen, die für eine weitere Verarbeitung zu groß sind, in kleine Teil-Tabellen (subtables).

Die Tabellengröße ist im wesentlichen von der Anzahl n der notwendigen Bedingungen abhängig. Die Anzahl der möglichen Fälle oder anders ausgedrückt: das Volumen einer kompletten ET ergibt sich allgemein aus 2^n (einfachen) Regeln. Durch Streichung irrelevanter und impossibler Fälle und durch eine Konsolidierung der Tabelle entsteht die endgültige ET', die im allgemeinen NUM Regeln beinhaltet. Der Anzahl NUM ist nun durch die Effizienz der Bearbeitung und durch die Überschaubarkeit der Darstellung eine natürliche obere Grenze gegeben. NUM sollte keineswegs größer als 100 sein. Die Grenze '100' ist bereits sehr hoch gegriffen, was man daran zu ermessen vermag, daß viele ET-Prozessoren eine Begrenzung der Regelanzahl auf 50 oder gar 30 Regeln haben (Lit.IIC1.1).

Verhelst plädiert für ein maximales n=6. Hier soll das maximale n pro subtable nsmax (in Grenzen) variabel sein. Es gilt, daß die Differenz zwischen n und nsmax stets kleiner gleich 14 ist, wobei n seinerseits kleiner gleich 20 angenommen wird. nsmax sollte auf keinen Fall größer als 8 werden. Für nsmax=8 ergeben sich 2^8=256 mögliche Bedingungskombinationen.

Ist n größer als das vorgegebene nsmax, dann wäre es interessant, wenn man die Anzahl der Regeln in der endgültigen ET von vornherein aus den speziellen Elementar-Regeln und Impossibilitäten ermitteln könnte. Dazu wäre zu bemerken, daß die Anzahl der verbleibenden Regeln in der endgültigen (ungedashten) ET in jedem Fall in der Elementar-ET, der Imposs-ET und der Else-ET implizit enthalten ist. Die exakte Bestimmung von NUM bedeutet hingegen einen verhältnismäßig großen Rechenaufwand. Der hierfür benötigte Algorithmus kommt ungefähr dem Verarbeitungsverfahren YDTPRC (siehe Absatz IID2) gleich. Zur Bestimmung von NUM müssen die Variationen der Elementar-Regeln mit den Variationen der Impossibilitäten und den Variationen der Else-Regeln verglichen werden.

Um den großen Rechenaufwand zu umgehen, könnte man sich überlegen, ob man sich auch mit einer Näherung von NUM begnügen kann und wie man an eine derartige Abschätzung gelangt. Bei einer solchen genäherten Bestimmung von NUM

könnte man von dem Auftreten und der Anzahl der Zweien
in der Imposs-ET und der Elementar-ET ausgehen. Die Anzahl der Zweien pro Regel gibt die Anzahl der Variationen dieser Regel an. Summiert man nun die Anzahl der
Variationen pro Regel und bewertet das Ganze mit einem
"Überdeckungsfaktor", dann hat man bereits eine - wenn
auch recht primitive Abschätzung für NUM. Der sogenannte
'Überdeckungsfaktor' ist ein Erfahrungswert, der daraus
resultiert, daß die Regeln einer ET (Elementar-ET, Imposs-ET und Else-ET) gemeinsame Variationen besitzen und
sich somit überdecken. Je mehr man diese Überdeckungen
und damit die Struktur der jeweiligen ET analysiert,
desto sicherer wird die Näherung von NUM, desto größer
wird aber wiederum der Rechenaufwand.

Wie man an den obigen Betrachtungen ablesen kann, ist
ein Kriterium, das entscheidet, wann gesplittet wird,
noch nicht sauber definiert. Um diesem Dilemma zu ent-
gehen, orientiere ich mich an den beiden Werten für n
und nsmax und werde eine Splitting-Methode beschreiben,
die gegenüber den mir bekannten Methoden - Verhelst
(Lit.IB4.1.1) und Strunz (Lit.IIC1.2) - deutliche Vorteile aufzuweisen hat.

Aber zunächst, im anschließenden Absatz folgen einige
Bemerkungen zur Vollständigkeit von Entscheidungstabellen.

2 Die Vollständigkeit der Entscheidungssituation

Die indirekte Methode zur Konstruktion von Entscheidungstabellen hat den Vorzug, daß man ausgehend von den 2^n
möglichen Bedingungskombinationen einer kompletten ET
durch Streichung der impossiblen und durch Eintragung der
relevanten Fälle die Vollständigkeit der darzustellenden
Entscheidungssituation zu gewährleisten vermag. Diese
Vollständigkeit ist jedoch nur eine Vollständigkeit im
Kleinen, d.h. die Sicherung der besagten Vollständigkeit
auf diese Weise ist nur möglich, solange keine großen
ETs vorkommen, die zergliedert werden müssen.

Verhelst (Lit.IB4.1.1) gibt ein Beispiel zu dem von ihm
vorgeschlagenen Algorithmus zur automatischen Zergliederung von zu großen ETs. Seiner Meinung nach läßt sich
dieser Algorithmus ohneweiteres in das Programm zur indirekten Erstellung von ETs einbauen. Das Beispiel, das
er vorstellt, besitzt zunächst 9 Bedingungen, das entspricht 2^9 = 512 verschiedenen Fällen. Er zergliedert die
Gesamttabelle in drei Teiltabellen, die zusammen insgesamt 50 mögliche Fälle erfassen. Wo sind die übrigen
462 Möglichkeiten geblieben ? Wahrscheinlich sind diese
Fälle alle in den sogenannten Else-Regeln enthalten, aber
wer garantiert, daß sich nicht unter dieser Vielzahl von

Möglichkeiten noch relevante Fälle verbergen. Mit anderen Worten: wer gewährleistet die Vollständigkeit der darzustellenden Entscheidungssituation. Wird nicht durch eine solche Verfahrensweise der weiter oben genannte Vorzug der indirekten Methode zunichte gemacht.

Auch im Artikel von Herrn Strunz über die Zergliederung von Entscheidungstabellen (Lit.IIC1.2) wird eine Splitting-Methode geboten, die eine Sicherung der Vollständigkeit unbeachtet läßt. Auf die Zergliederungsmethode von Herrn Strunz werde ich im Absatz IIC4 noch zu sprechen kommen.

Allgemein gilt, daß die Gesamttabelle 2^{nG} Möglichkeiten darstellt, wobei nG die Anzahl aller Bedingungen ist. Nachdem gesplittet wurde und st subtables mit jeweils n_i Bedingungen vorliegen, bestimmt sich die Zahl der erfaßten Fälle zu:

$$(1) \qquad \text{Anzahl der Fälle ohne 'coupling'} = \sum_{i=1}^{st} 2^{n_i}$$

Die angegebene Summe gibt die Anzahl der erfaßten Fälle nur richtig an, solange nicht durch ein strukturierendes Coupling die Gleichwertigkeit der subtables aufgehoben wird. Ein vermaschtes Coupling verteilt unter Umständen die Gewichte auf die einzelnen subtables ungleich und dadurch wird auch die Bestimmung der Anzahl der berücksichtigten Fälle um ein Erhebliches komplizierter, da die Struktur des Coupling in die zu bestimmende Anzahl mit eingeht. Durch die Vielzahl der Anwendungsspielarten ist wohl auch die Angabe einer allgemeinen Formel zur Ermittlung der Anzahl der erfaßten Möglichkeiten nicht realisierbar.

Obwohl wahrscheinlich durch ein sinnvolles Coupling die Anzahl der berücksichtigten Fälle zunehmen dürfte, ist doch die Vollständigkeit, wie sie durch Anwendung der indirekten Methode angestrebt wird, in keiner Weise garantiert.

Die indirekte Methode kann, weil sie systematisch die Vollständigkeit herbeiführt, dann mit Vorteil verwandt werden, wenn die zu untersuchende Entscheidungssituation in ihrer gesamten Komplexität nicht zu überblicken ist. In einem solchen Fall sollte der Anwender zweckmäßigerweise folgendermaßen vorgehen: er definiert alle Elementar-Regeln, Impossibilitäten und Else-Regeln, soweit diese auf der Hand liegen und ohne viel Geistesakrobatik formuliert werden können. Anschließend ruft er einen Verarbeitungsalgorithmus (siehe Abschnitt IID), der die Streichung der impossiblen und irrelevanten Fälle durchführt. Nun kann sich ergeben haben, daß einige der 2^n (Regel-) Fälle weder als impossible, noch als irrelevant

noch als relevant klassifiziert wurden, da sie weder in
der Vereinigung aller Var (I_i), noch in der Vereinigung
aller Var (E_i) enthalten waren. Bricht der Anwender jetzt
die Erstellung ab, dann wandern alle diese bisher unbe-
arbeiteten Fälle als irrelevant in die ELSE-Regel. Hierdurch sind möglicherweise noch relevante Fälle unter den
Teppich gefegt worden: die Vollständigkeit der darzustellenden Entscheidungssituation ist nicht gesichert.
Die Sicherstellung der Vollständigkeit verlangt, daß
jeder der 2^n Regelfälle eindeutig klassifiziert wird.
Die Klassifikation erfolgt in drei Kategorien: relevant,
impossible und irrelevant. Die Klassifikation erfolgt
zunächst über einen entsprechenden Verarbeitungsalgorithmus (z.B. YDTPRC) aufgrund der vorgegebenen Elementar-Regeln, Impossibilitäten und Else-Regeln. Liegen
dann noch unbearbeitete (unklassifizierte) Fälle vor,
dann muß der Anwender unmittelbar (interaktiv) in die
Erstellung eingreifen und diese Fälle eindeutig kate-
gorisieren. Ist diese Konstruktionsphase beendet, dann
können die impossiblen und irrelevanten Fälle simplifi-
zierend in der Else-Regel einer ET zusammengefaßt werden.
Durch die eindeutige Kategorisierung ist nun gewährleistet, daß die Else-Regel einer ET keine verborgenen
und unerkannten, relevanten Fälle enthält. Jetzt kann
konstatiert werden: die Darstellung der vorliegenden
Entscheidungssituation ist vollständig.

Sobald das n groß wird, sind die dazugehörigen Ent-
scheidungsprobleme hinreichend komplex, so daß sich ein
Vorgehen, wie es zuvor geschildert wurde, auf gar keinen
Fall umgehen läßt. Allzu leicht erliegt man jedoch dem
Irrtum, daß durch ein Splitting wieder kleine, hand-
liche Teil-Entscheidungssituationen entstanden sind,
denen man die Vollständigkeit ohne weiteres ansieht.
Das trifft bedingt zu, solange man nämlich ausschließlich
(isoliert) eine einzelne subtable betrachtet. Jedoch
geht durch eine derartige punktuelle Betrachtungsweise
der Zusammenhang zur Gesamt-Situation verloren und
dadurch werden eventuelle relevante Fälle aus dem
Gesichtskreis verdrängt.

Ein nachfolgendes Coupling der einzelnen subtables erhöht vermutlich die Zahl der Spielarten über die durch
die bereits angegebene Summenformel (1) bestimmte Anzahl
hinaus. Allerdings handelt es sich hierbei um einen
Effekt - so behaupte ich -, der unbewußt herbeigeführt
wurde, denn das Coupling ist in den Beispielen, die mir
vorliegen, ausschließlich aktionenorientiert und dient
im wesentlichen dem Zweck der Einhaltung der Ausführ-
rungsreihenfolge der Aktionen nach vollzogenem Splitting.
Ein sinnvolles Coupling müßte aber bewußt bedingungsorientiert konzipiert werden.

3 Vollständigkeitstest

Eine Entscheidungssituation ist vollständig dargestellt,
wenn alle 2^n Fälle eindeutig kategorisiert sind und wenn
somit die Else-Regel einer ET keine verdeckten, relevanten Fälle enthält. Solange kleine ETs (n klein) vorliegen, die nicht zergliedert werden müssen, ist die Vollständigkeit durch die indirekte Erstellungs-Methode impliziert. Bei großen Tabellen, die gesplittet werden,
ist die Überprüfung der Vollständigkeit nicht mehr so
einfach. Hierzu sind vermutlich recht komplizierte Algorithmen erforderlich. Ich möchte in dem vorliegenden Abschnitt ein paar Strategien zur Überwachung der Vollständigkeit diskutieren.

Es gibt zwei Arten von Vollständigkeiten: erstens die
formale Vollständigkeit und zweitens die funktionelle
Vollständigkeit. Die Idee der indirekten Methode ist,
daß man ausgehend von der formalen Vollständigkeit
(2^n Fälle) durch Ausklammerung der impossiblen und irrelevanten Fälle systematisch (iterativ, interaktiv) zur
funktionellen Vollständigkeit geführt wird. Die funktionell vollständige, endgültige ET stellt nur noch die
echt relevanten Fälle dar. Das ist die minimale Anzahl
an Fällen, die zur vollständigen Darstellung der Entscheidungssituation benötigt wird. Die formale Vollständigkeit wird durch die Bearbeitung der 2^n Möglichkeiten gesichert. Die funktionelle Vollständigkeit geht
aus der Elementar-ET, der Imposs-ET und der Else-ET
hervor. Sollte sich durch einen entsprechenden Test erweisen, daß die funktionelle Vollständigkeit nicht gegeben ist, so sind weitere Elementar-Regeln, Impossibilitäten und Else-Regeln nachträglich (interaktiv) zu formulieren, d.h. die Kategorisierung der noch nicht bear-
beiteten Fälle ist durchzuführen.

Die Überprüfung der formalen Vollständigkeit ist unerheblich, wichtig ist die Kontrolle der funktionellen
Vollständigkeit.

Zur Überwachung der funktionellen Vollständigkeit bietet
sich zunächst folgende Vorgehensweise an: Nachdem das
Splitting und das Coupling vollzogen wurde, liegt die
Verflechtung der subtables vor. Dieses System wird nun
zur Untersuchung herangezogen. Zu diesem Vollständigkeitstest werden dann nacheinander alle 2^n Fälle generiert und auf das besagte System angewandt. Ist der einzelne Fall durch das System erfaßt, dann ist es gut und
der nächste Fall kann untersucht werden. Ist ein Fall
jedoch in dem System nicht berücksichtigt, dann gelangt
er zur Ausgabe und der Anwender hat (interaktiv) zu ent-

scheiden, ob der vorliegende Fall relevant, impossible
oder irrelevant ist. Diese Schleife wird solange durchlaufen bis alle 2^n Fälle abgearbeitet und durchgecheckt
worden sind. Dieses Vorgehen sichert die funktionelle
Vollständigkeit.

Auf das eben beschriebene Vorgehen zur Sicherung der
funktionellen Vollständigkeit möchte ich weiter nicht
eingehen, da es aus mehreren Gründen ungünstig ist.
Erstens gelangen im Verlauf des Tests alle impossiblen
Fälle zur Ausgabe - das ist überflüssig - . Und zweitens
ist das Prüfen, ob ein Fall durch das System erfaßt
wird, abhängig von dem vorangegangenen Splitting und
Coupling und demnach wahrscheinlich nicht so ohne weiteres in einer allgemeinen Version zu formulieren. Weiterhin dürfte es sich auch als äußerst difficile erweisen,
wenn man nachträglich einen bisher unbeachtet gebliebenen
Fall einfügen will, denn eine solche Ergänzung kann nur
unter Berücksichtigung der recht verflochtenen System-
Struktur geschehen; und das ist ungünstig.

Zweckmäßiger scheint es mir zu sein, wenn man die Prüfung der Vollständigkeit vor dem Splitting und dem Coupling vorsieht. Das erfordert aber ein Splitting- und
Coupling-Verfahren, das die durch den vorgeschriebenen
Test gesicherte funktionelle Vollständigkeit aufrecht
erhält. Ein solches Zergliederungsverfahren möchte ich
in Absatz IIC4 vorschlagen.

Auch das jetzt zu beschreibende Verfahren zur Prüfung
der funktionellen Vollständigkeit macht es erforderlich,
daß alle 2^n Bedingungskombinationen durchvariiert werden
müssen. Jede einzelne dieser Kombinationen wird nun getestet, ob sie in der Imposs-ET, in der Else-ET oder in
der Elementar-ET enthalten ist. Ist der Fall durch eine
dieser drei Tabellen erfaßt, dann kann man fortfahren.
Sollte die Kombination aber bisher noch nicht berücksichtigt worden sein, dann gelangt sie zur Ausgabe und
der Anwender hat die entsprechende Kategorisierung vor-
zunehmen. Anschließend wird der Fall entweder in die Imposs-ET oder in die Elementar-ET oder in die Else-Regel
eingefügt. Das Verfahren wird fortgesetzt, bis alle
2^n Fälle ausgetestet sind.

Die Variation der Bedingungskombinationen wird durch
binäres Aufaddieren von 0 bis 2^n-1 erzeugt. Zur Be-
schleunigung der Abfragen sollten die Impossibilitäten
in der Imposs-ET und die Elementar-Regeln in der Elementar-ET nach abnehmender Anzahl der Var (I_j) bzw. Var (E_i)
sortiert werden. Die Regeln mit der größten Zutreffwahr-
scheinlichkeit (ODER-Verknüpfung) werden demnach zuerst
abgefragt und sobald die variierte Bedingungskombination
in einer Regel enthalten ist, kann der Abfragemechanismus
gestoppt werden. Bedingungskombinationen, die weder in

der Imposs-ET noch in der Else-ET noch in der Elementar-ET erfaßt worden sind, werden zunächst in einer DASH/OUTPUT-Tabelle gesammelt. Haben sich dann z.B. 256 solcher Kombinationen angesammelt, dann wird diese Tabelle einmal in ursprünglicher Form und zum anderen in einer konsolidierten Version ausgegeben. Das erscheint mir deshalb sinnvoll, weil dadurch dem Anwender eine Information zur Verfügung gestellt wird, die ihn zur Formulierung komplexer (Ergänzungs-) Regeln führen soll; der Anwender am Terminal geht von der gedashten Version aus - die Kombinationen in der unkonsolidierten Form dienen lediglich zur Kontrolle und zur Hilfe in strittigen Fällen - und führt die Kategorisierung durch. Regeln (oder Fälle), die sich als relevant herausstellen, wird ein action-part zugewiesen. Daraufhin gelangen sie durch die Eingabe des Anwenders in die betreffende DASH/INPUT-Tabelle. Dort werden diese Eingaben gesammelt und wenn die entsprechende DASH/INPUT-Tabelle gefüllt ist (z.B. 256 Regeln), erfolgt die Konsolidierung dieser Tabelle. Die gedashte Tabelle wird dann in die dazugehörige ET eingefügt, die ihrerseits nach der ergänzenden Einfügung ebenfalls gedasht wird. Siehe hierzu Abb.IIC3.1.

Dieses Testverfahren ist so ausgelegt, daß durch die mehreren hintereinander geschalteten Dashing-Phasen ein Aufblähen der Elementar-ET, der Imposs-ET und der Else-ET weitgehend unmöglich gemacht wird, wodurch sich auch die Menge der Abfragen, ob eine spezielle Bedingungskombination bereits berücksichtigt wurde, reduziert, da durch die Verringerung der nachträglich eingefügten Elementar-Regeln, Impossibilitäten und Else-Regeln gleichzeitig die Anzahl der möglichen Abfrage-Alternativen eingeschränkt wird. Hierdurch vermindert sich die Rechenzeit; diese Ersparnis muß allerdings gegen den zusätzlichen Aufwand, der durch das mehrmalige Dashing bewirkt wird, abgewogen werden.

Durch den verzögernden Charakter der verschiedenen dazwischengeschalteten Dash-Tabellen wird angestrebt, daß sich in diesen Tabellen zunächst einmal eine möglichst große Zahl an potentiellen Dash-Partnern ansammelt, damit das Dashing auch effizient durchgeführt werden kann. Damit keine der Regeln (oder Fälle), die in den Dash-Tabellen zwischengespeichert sind, verloren geht, muß die Tabelle DASH/OUTPUT zur Ausgabe gelangen und die Tabellen DASH/INPUT werden in die entsprechende ET eingegliedert, sobald i seinen Endwert $2^n - 1$ erreicht hat.

Es bleibt nur noch darauf hinzuweisen, daß ein Prüfverfahren zur Sicherung der funktionellen Vollständigkeit das Gesamt-System untersucht und bearbeitet. Das hat zur Folge, daß man sich zur Bewältigung der großen Bedingungskombinationen etwas einfallen lassen muß. Die Bedingungskombinationen und Regeln liegen in der 0,1,2-Codierung vor. Diese Codierungen können nun nicht mehr als Zahlen aufgefaßt werden und dann können damit auch nicht mehr zahlenmäßige Vergleiche durchgeführt werden, da die Darstellbarkeit von integer-Zahlen in der EDV-Anlage auf 9 oder 10-stellige Zahlen beschränkt ist. Um diese Schwierigkeit zu umgehen, kann man rein-vektoriell und halb-vektoriell arbeiten. Rein-vektoriell bedeutet, daß für jede Bedingung (insgesamt n) eine Vektorkomponente eingerichtet wird. Dieses Vorgehen führt allerdings zu sehr großem zusätzlichen Rechenzeit- und Speicherraumaufwand. Günstiger in dieser Hinsicht ist die halb-vektorielle Methode (siehe Absatz IIE1). Am elegantesten ist jedoch, die Einführung von entsprechenden Strings, die (je nach DVA-Typ) 32 Zeichen umfassen. Wird n größer 32, dann müssen mehrere Strings miteinander verkettet werden. Diese Stringverkettungen und sonstigen -operationen (Stringvergleiche, das Einfügen von Zeichen etc.) sind oft in den EDV-Anlagen bereits als fertige Prozeduren implementiert. Das Arbeiten mit solchen schnellen Prozeduren spart Speicherplatz und vermindert den Rechenzeitaufwand enorm.

An dieser Stelle möchte ich die Diskussion über die interaktive Sicherung der Vollständigkeit abbrechen und überleiten zur Beschreibung der diesbezüglich realiter gelösten Implementierung. Im Batch-Betrieb (und closed-job) geht selbstredend die unmittelbare Verbindung zwischen Mensch und Maschine verloren; es ist nicht möglich, interaktiv Regeln zu formulieren und dadurch sukzessiv das Bild der Entscheidungssituation zu vervollständigen. Da nun diese Möglichkeit entfällt, erscheint es auch als wenig sinnvoll, einen derartigen Vollständigkeitstest explizit als eigenständigen Generatorteil zu konzipieren. Beim interaktiven Arbeiten läßt sich aus Gründen der besseren Strukturierung und Modularisierung das bisher dargestellte Konzept eines expliziten Vollständigkeitstests rechtfertigen.

Bei der Implementierung des ET-Generators im Batch-Betrieb (und closed-job-Modus) habe ich versucht, die Konsistenz (speziell die Vollständigkeit) der Entscheidungssituation algorithmisch (implizit) zu gewährleisten. Im vorliegenden Fall führt das Programm YDTPRC (siehe Absatz IID2) eine Überprüfung der durchgeführten Kategorisierung durch und druckt die als nichtkategorisiert erkannten Bedingungskombinationen aus. Der Anwender hat dann die Möglichkeit, die ausgegebenen Regelfälle auf ihre Relevanz zu untersuchen. In einem anschließenden Joblauf wiederholt sich das Spiel, bis schließlich die funktionelle Vollständigkeit sichergestellt ist.

Durch eine entsprechende Parametrisierung auf der PROBLM-Karte (siehe Absatz IIB6) läßt sich der komplette ET-Generator in einen umfassenden Konsistenztest transformie-

ren. Von dieser Möglichkeit sollte der Anwender dann Gebrauch machen, solange er sich nicht über die konsistente
Darstellung des Entscheidungsproblems schlüssig ist; es
sollte in einigen vorangestellten Jobläufen eine redun-
danzfreie, widerspruchsfreie und vollständige Beschreibung
der Entscheidungssituation generiert werden, bevor das
endgültige ET-System erzeugt wird. Durch diese Maßnahme
ist es möglich, den Umfang des Outputs und die Ausgabe-
zeit zu reduzieren.

Ein solcher Vollständigkeitstest sollte optional aufruf-
bar sein, denn es sind Anwendungsfälle durchaus denkbar,
bei denen ein solcher Test wenig sinnvoll wäre. Solche
Anwendungsfälle sind dann gegeben, wenn die einzelnen
Bedingungen und Elementar-Regeln (Impossibilitäten und
Else-Regeln) explizit und unverrückbar durch die darzu-
stellende Entscheidungssituation festgelegt sind. Bei der
Verarbeitung von Gesetzen und Vertragstexten u.a.m. kann
man davon ausgehen, daß derartige Systeme funktionell
vollständig sind, sofern man sich allerdings nicht zur
Aufgabe gestellt hat, etwaige Lücken und sonstige Inkon-
sistenzen in denselben aufdecken zu wollen. Der Vollständigkeitstest sollte immer dann angestoßen werden,
wenn die vorliegende Situation nicht hinreichend trans-
parent ist; diese Bedingung ist unabhängig von der Größe
des n.

Im nachfolgenden Abschnitt wird ein Splitting-Verfahren
diskutiert, das die Bestrebungen zur funktionellen Vollständigkeit durch seine klare Struktur unterstützt

4 Splitting-Algorithmen, Coupling

Prinzipiell kann man die Splitting-Verfahren in zwei Kategorien unterteilen: vertikales Splitting und horizontales
Splitting. Vertikales Splitting ist eine ET-Zergliede-
rung, die sich im wesentlichen an den vorgegebenen Elementar-Regeln orientiert. Horizontales Splitting dagegen
geht vom condition-stub (Gruppeneinteilung) aus.

Die Zergliederungsmethode von Strunz (Lit.I1C1.2) ist ein
vertikales Verfahren, das die Abhängigkeit (Kausalzusam-
menhänge) zwischen einzelnen Bedingungen und Aktionen
betrachtet. Strunz gliedert dann aus der zu splittenden
ET entkoppelte Regeln aus und konstruiert mit diesen
entsprechende subtables, die dann durch ein recht un-
systematisches Coupling miteinander zu dem endgültigen
ET-System verbunden werden.

Obwohl sich diese Zergliederungsmethode formalisieren
läßt, scheint sie, für einen automatischen Einsatz wenig
geeignet zu sein, da sie zu spezielle Forderungen an die

Struktur der zu zergliedernden ET stellt. Das algorithmische Auffinden solcher entkoppelter Regeln ist äußerst aufwendig, weiterhin bleibt das Verhalten dieser Methode gegenüber der funktionellen Vollständigkeit noch ungeklärt; ausdrückliche Vollständigkeitsbetrachtungen sind in der Strunz'schen Arbeit nicht enthalten.

Das kardinale Problem des Splitting ist der eminente Mangel an geschlossen formulierten und formalisierten Kriterien, nach welchen eine solche Methode arbeiten könnte. Gedankenexperimente in diesem Zusammenhang führen oft sehr rasch zu elegant erscheinenden Verfahren, die jedoch nachfolgenden Effizienzüberlegungen im allgemeinen nicht standhalten können. Der Rechenzeit- und Speicherplatz wird unvertretbar groß, da in der Regel bei den meisten der vorgeschlagenen Verfahren der strukturelle Aufbau der zu zergliedernden ET im Algorithmus erfaßt wird oder weil unter Umständen gar semantische Probleme in das zu konzipierende Verfahren mit hineinspielen und somit die Verhältnisse ungünstig beeinflußen.

Ein regelorientiertes, vertikales Splitting-Verfahren hätte auch seine Vorzüge, da sich diese Struktur einfach in Analogie auf betriebswirtschaftliche Unternehmen übertragen ließe. Ein solches Splitting könnte man dann als die Separierung einzelner Aufgaben- und Kompetenzbereiche auffassen. Eine Elementar-Regel, die aus einem großen Problem ausgegliedert wird und die die Basis für eine zu konstruierende subtable darstellt, bedeutet in dieser Philosophie einen eigenständigen, separaten Aufgabenbereich, der durch die Zergliederung der Gesamtaufgabe des betreffenden Unternehmens gebildet wurde.

So begrüßenswert, wie ein derartiges vertikales Verfahren wäre, so unbefriedigend sind die Konzeptansätze in dieser Richtung; eine geschlossene, vertikale Zergliederungsmethode steht noch aus.

Das nachfolgende, hier beschriebene Verfahren ist ein horizontales Zergliederungsverfahren. Diese Methode geht ähnlich wie die indirekte Methode im Kleinen von allen 2^n möglichen Fällen aus und könnte deshalb am ehesten als Analogon zu diesem Verfahren angesehen werden. Die indirekte Methode im Großen, wie ich das Verfahren einmal bezeichnen möchte, sichert die funktionelle Vollständigkeit (in Verbindung mit dem Vollständigkeitstest - Absatz IIC3).

Die Methode geht von der Vorstellung eines kompletten, binären Baumes (1-wurzelig, 2^n-blättrig) aus. Das vorliegende Splitting-Verfahren spaltet nun stufenweise Unterbäume ab.

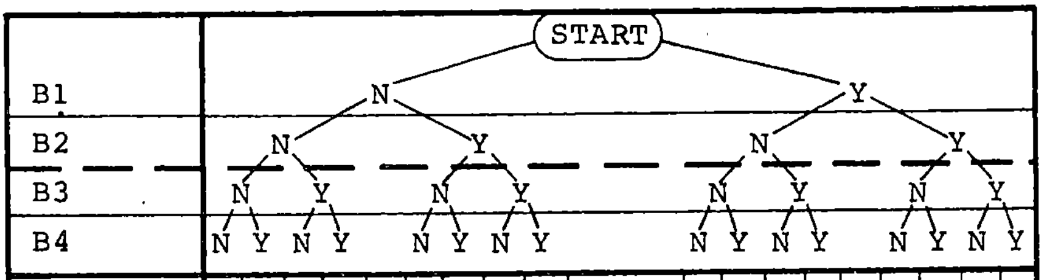

B1	N	N	N	N	N	N	N	N	Y	Y	Y	Y	Y	Y	Y	Y
B2	N	N	N	N	Y	Y	Y	Y	N	N	N	N	Y	Y	Y	Y
B3	N	N	Y	Y	N	N	Y	Y	N	N	Y	Y	N	N	Y	Y
B4	N	Y	N	Y	N	Y	N	Y	N	Y	N	Y	N	Y	N	Y
A1	X	X			X				X		X					X
A2		X	X	X		X		X		X			X			X
A3	X			X			X					X	X	X		X
A4									X		X				X	

(Der obige Baum ist als Baumdiagramm mit Wurzel START dargestellt.)

Der obige Baum wird jetzt in 5 subtables zergliedert.

TAB 0   —   Oberbau

TAB 0				
B1	N	N	Y	Y
B2	N	Y	N	Y
Goto TAB 1	X			
Goto TAB 2		X		
Goto TAB 3			X	
Goto TAB 4				X

TAB 1 / **TAB 2**   —   Unter-

TAB 1				
B3	N	N	Y	Y
B4	N	Y	N	Y
A1	X	X		
A2		X	X	X
A3	X			X
A4				

TAB 2				
B3	N	N	Y	Y
B4	N	Y	N	Y
A1	X			
A2		X		X
A3			X	
A4				

TAB 3 / **TAB 4**   —   -bau

TAB 3				
B3	N	N	Y	Y
B4	N	Y	N	Y
A1	X		X	
A2		X		
A3				X
A4	X		X	

TAB 4				
B3	N	N	Y	Y
B4	N	Y	N	Y
A1				X
A2	X			X
A3	X	X		X
A4			X	

Der ursprüngliche Baum wurde in 5 subtables gesplittet.
TAB O enthält ausschließlich 'Goto'-Aktionen; eine solche Tabelle möchte ich zum sogenannten Überbau rechnen.
Die nächste Tabellenstufe (hier: die 2. und unterste
Stufe) besteht aus Tabellen, die auch Aktionen im herkömmlichen Sinne (also nicht unbedingt 'Goto'-Verzwei-
gungen beinhalten; solche Tabellen bilden den Unterbau
oder die Basis. Aktionen im herkömmlichen Sinne werden
nur an die Blätter des Baumes angegliedert.

Im folgenden soll geklärt werden, nach welchen Gesichtspunkten die Zergliederung erfolgt. Man könnte beispielsweise gruppenweise splitten. In einem solchen Fall
würden die Bedingungen einer Gruppe jeweils gemeinsam
in einer Tabellenstufe auftreten. Voraussetzung ist natürlich, daß in keiner der Gruppen mehr als nsmax Bedingungen enthalten sind, wobei nsmax die maximale Anzahl an Bedingungen pro subtable darstellt. Eine derartige Vorgehensweise bietet den direkten Bezug zwischen
der ET-Dokumentation und der korrespondierenden Ent-
Scheidungssituation. Interessant dürfte auch die optimale Lösung des Splitting-Problems sein. Ein Splitting
ist optimal, wenn es mit einer minimalen Anzahl an
subtables auskommt. Eine solche optimale Lösung wird
jetzt angestrebt.

Das Gesamt-Entscheidungsproblem besitzt allgemein nG
Bedingungen. Die nach dem Splitting entstandene subtable i enthält n_i Bedingungen. nG wird in st Teile
aufgespalten, d.h. es entstehen st Tabellen-Stufen.
Allgemein gilt trivialerweise:

$$nG = \sum_{i=1}^{st} n_i$$

Die Anzahl sub der subtables ist zu minimieren. Es gilt:

sub = sub (st, n_1, n_2, n_3, ..., n_{st})

Die Anzahl sub der subtables läßt sich mittels des
nachfolgenden ALGOL-Programmteils bestimmen:

n (/O/) .= O.,

Anz (/O/) .= 1.,

sub .= O.,

'for' i.=1 'step' 1 'until' st 'do'
'begin'
Anz (/i/) .= Anz (/i-1/)* 2 'power' n (/i-1/).,
sub .= sub + Anz (/i/).,

'end'.,

Daß sub tatsächlich die Anzahl der durch das horizontale Splitting nach der indirekten Methode im Großen entstehenden subtables ist, läßt sich leicht anhand von geeigneten Beispielen überprüfen.

Gesucht ist nun die $(n_1, n_2, n_3, \ldots, n_{st})$-Variation und das st, das zu minimalem sub unter vorgegebenem nG führt.

Vorweg möchte ich einmal die Anzahl derartiger Variationen und damit die Anzahl möglicher Zergliederungen ausloten. Dazu will ich zunächst einmal für nG = 10 einige n_i Variationen in Abhängigkeit von st auflisten.

st	n_i-Variationen
1 sub	(10) 1
2 sub	(1,9) (2,8) (3,7) (4,6) (5,5) (6,4) (7,3) (8,2) (9,1) 3 5 9 17 33 65 129 257 513
3 sub	(1,8,1) (1,7,2) (1,6,3) (1,5,4) (1,4,5) (1,3,6) (1,2,7) 515 259 – – – – –
sub	(1,1,8) 7
sub	(2,7,1) (2,6,2) (2,5,3) (2,4,4) (2,3,5) (2,2,6) (2,1,7) 517 261 – – – – 13
sub	(3,6,1) (3,5,2) (3,4,3) (3,3,4) (3,2,5) (3,1,6) 521 265 – – – 25
	⋮
sub	(8,1,1) 769
4	u.s.w.

Durch Abzählen erhält man die Anzahl NOV (Number of Variations) der n_i-Variationen in Abhängigkeit von st.

st	1	2	3	4	5	6	7	8	9	10
NOV	1	9	36	84	126	126	84	36	9	1

Allgemein läßt sich folgende Tabelle NOV = NOV (nG, st) angeben:

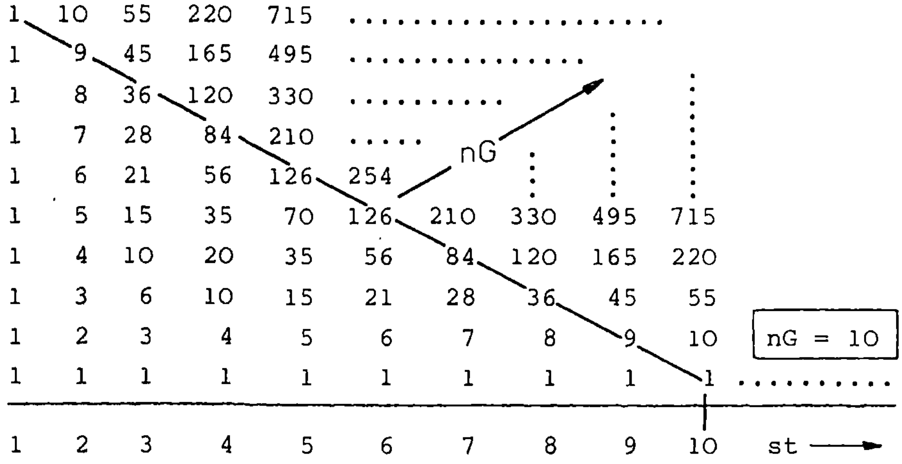

Folgendes Programmstück errechnet NOV (nG, st) :

```
            NN = nG - st + 1
            Do 10 i=1,NN
10          TAB(i) = 1
            ss = st - 1
            Do 30 i=1,ss
            TAB(1) = 1
            Do 20 j=2,NN
            TAB(j) = TAB(j-1) + TAB(j)
20          Continue
30          Continue
            NOV = TAB(NN)
```

Nach diesem kleinen Exkurs, der die Anzahl der n_i-Variationen ein wenig abstecken sollte, will ich wieder zu dem Minimierungsproblem zurückkehren.

Die sub-Werte unter den dazugehörigen n_i-Variationen in der Tabelle IIC4.1 lassen den Schluß zu, daß die nachstehenden n_i-Variationen bei vorgegebenem nG und st ein minimales sub liefern.

```
nG = 10
st    n_i-Variation          sub
1     (10)                   1
2     (1,9)                  3
3     (1,1,8)                7
4     (1,1,1,7)             15
```

5   (1,1,1,1,6)   31

.
.   u.s.w $$sub = 2^{st} - 1$$
.
.

Die zusätzliche Restriktion

$n_i \leq$ nsmax, i = 1,2,3,....,st
hier: nsmax=8

läßt unter Minimierungsbestrebungen aus der Tabelle
IIC4.2 nur noch (1,1,8) bestehen; hierbei ist st = 3.
Für st größer 3 werden die sub-Werte eindeutig ungün-
stiger. n_i-Variationen für st größer 3 entfallen in
dieser Betrachtung. Um das tatsächliche Minimum in dem
vorliegenden Beispiel weiter einkreisen zu können, sehe
man bitte nochmals in Tabelle IIC4.1. Der Fall st = 1
scheidet aus, da (10) eine Variation darstellt, die
die obige Restriktion verletzt. Die Fälle st größer 3
entfallen wegen der Aussage in Tabelle IIC4.2. Für st = 2
und st = 3 verbleiben nun noch folgende zulässige
n_i-Variationen:

(2,8)	(3,7)	(4,6)	(5,5)	(6,4)	(7,3)	(8,2)	(9,1)	(1,1,8)	n_i-Var
5	9	17	33	65	129	257	513	7	sub

Im Zuge der sub-Minimierung ergibt sich in diesem Beispiel (nG = 10) die Anzahl sub der nach dem (horizonta-
len) Splitting entstehenden subtables zu sub = 5, st = 2,
n_1 = 2, n_2 = 8. Damit scheint das Optimum erreicht.

Für ein bestimmtes nG und für nsmax= 8 werden weitere
Beispiele angeführt:

nG	n_i-Variation	sub
18	(1,1,1,1,1,1,1,1,1,8)	2047
18	(1,1,8,8)	1031
18	(2,8,8)	1029
16	(1,1,1,1,1,1,1,8)	511
16	(8,8)	257
34	(1,1,1,1,1,1,1,1,1,1,1,1,1,1,1,1,1,8,8,)	67633151
34	(1,1,1,1,1,1,1,1,1,1,8,8,8)	67373055
34	(1,1,8,8,8,8)	67372039
34	(2,8,8,8,8)	67372037

Die gleichsinnige Tendenz der Beispiele und die voranstehenden Betrachtungen veranlassen mich, das nachfolgende, simple Programmstück zu formulieren, daß für ein gegebenes nG und für ein bestimmtes nsmax die optimale subtable-Zergliederung ermittelt.

```
        optspl (nG, nsmax, st, ni)

        stns = nG/nsmax
        il = 1
        nl = nG - stns * nsmax
        if (nl .EQ. O) Goto 5
        ni (1) = nl
        il = 2
        st = stns + 1
5       Continue
        Do 10 i= il,st
        ni (i) = nsmax
1O      Continue
```

Einen strengen Beweis, daß das Optimum derart bestimmt werden kann, muß ich dem interessierten Leser leider vorenthalten, da diese Probleme einer graphentheoretischen Behandlung bedürften, was allerdings den Rahmen dieses Buches weit überschreiten würde.

Die weiter oben gegebenen Beispiele zeigen, daß z.B. für nG = 34 mindestens 67.372.037 subtables gebraucht würden; die meisten dieser subtables haben ihrerseits 256 Regeln. Der Umfang, den das Beispiel annimmt, zeigt deutlich, daß hier noch Ansatzpunkte für eine weitere Optimierung vorhanden sind. Vor der Erstellung der einzelnen subtables müssen sämtliche Impossibilitäten zur Anwendung gelangen, die von vornherein große Teile des Tabellen-Baums veröden. Die Formulierung einer möglichst großen Anzahl Impossibilitäten wird zum Ziel einer ET-Verarbeitung mit zergliederten Tabellen; die Imposs-ET wird zur wichtigsten Tabelle überhaupt, denn von ihr hängt die Bearbeitbarkeit des vorliegenden (komplexen) Entscheidungsproblems ab.

Bei dieser Gelegenheit möchte ich an dieser Stelle einflechten, daß oft im Zusammenhang mit der zukünftigen Erweiterung der ET-Technik auf größere nG - mit einer gewissen Nonchalance - von 64 oder gar 128 Bedingungen als obere nG-Grenze gesprochen wird. Ein nG = 64 führt auf 18.446.743.901.860.176 (18 Trillionen) verschiedene Bedingungskombinationen. Diese Zahl ist ebenso astronomisch, wie ernüchternd. Hier versagt die Darstellbarkeit, die Verarbeitbarkeit und erst recht jegliche Vorstellung. Um diese immense Zahl ein ganz klein wenig in den Griff zu bekommen, hier ein Zahlenspiel: Sollte es möglich sein, daß jede dieser Bedingungskombinationen

in einer einzigen Operation aufgerufen, verarbeitet und
dokumentiert werden könnte und würde eine EDV-Anlage zur
Verfügung stehen, die 1.000.000.000 solcher Operationen
in einer Sekunde ausführen kann (Nanosekunden-Bereich),
dann müßte diese Maschine immerhin noch 600 Jahre unun-
terbrochen arbeiten, bis alle 18 Trillionen Bedingungskombinationen entsprechend meinen stark idealisierten
Annahmen erfaßt wären. Unter denselben Voraussetzungen
würde ein Problem mit nG = 50 fünfzehn volle Tage und
ein anderes mit nG = 40 vier Stunden rechnen. Der Verarbeitungsaufwand nimmt explosionsartig zu. Durch diese
Demonstration dürfte jedoch die obere Grenze einigermer-
maßen festliegen (nG = 35...40).

Die 'indirekte Methode im Großen' hat, wie ich schon
durch die Bezeichnung zum Ausdruck bringen möchte, die
Vorzüge der indirekten Methode im Kleinen: sie unterliegt
einer einfachen Systematik und wahrt die funktionelle
Vollständigkeit, sofern diese durch die vorgegebenen
Elementar-Regeln, Impossibilitäten und Else-Regeln
sichergestellt ist.

Abschließend noch einige Bemerkungen zum Thema "Coupling". Derzeitig wird das Coupling überall aktionenorientiert angewendet, d.h. es dient zur Aufrechternal-
tung der Aktionen-Ausführungsreihenfolge. Die auf diese
Weise entstehenden, (wenig systematischen) stark ver-
maschten ET-Diagramme sind in der Tat als echter Rück-
schritt in Richtung auf die ehemalige Flußdiagramm-
Technik zu werten. Verhelst (Lit.IB4.1.1) hat durch entsprechendes Setzen von Schaltern gewährleistet, daß die
Aktionen einerseits in ihrer gegebenen Reihenfolge und
andererseits keineswegs mehrmals zur Ausführung gelangen;
auf diese Weise vermeidet er ein kompliziertes Coupling.
Die indirekte Methode im Großen verwendet ein bedingungs-
orientiertes Coupling. Die einzelnen subtables werden
nur im Hinblick auf die Erfassung aller 2^n möglichen
Bedingungskombinationen aneinander gefügt; die Einmalig-
keit der Ausführung und die korrekte Ausführungsreihenfolge der Aktionen ist automatisch mit dem richtig formulierten action-stub gegeben und es bedarf in dieser
Hinsicht keiner besonderen Vorsorge.

Das Splitting-Verfahren nach der indirekten Methode im
Großen wird jetzt implizit in die eigentliche ET-Konstruktion YDTPRC, auf die ich im nachfolgenden Abschnitt
näher eingehen werde, eingebaut.

D Algorithmen zur ET-Konstruktion

1 Übersicht

Als Verarbeitungsalgorithmus bezeichne ich den Generatorteil YDTPRC, der die Streichung der impossiblen und
irrelevanten Fälle gemäß der IMPOSS-ET und der ELSE-ET
und das Auffüllen der Maßnahmeteile entsprechend der
Elementar-ET besorgt. Die Verarbeitung (in diesem Sinne)
ist als das eigentliche Kernstück des Generators anzusehen; hier wird das engültige ET-System aus den eingegebenen und mittlerweilse auf Konsistenz geprüften Tabellen generiert.

Es ist denkbar, daß sich etliche alternative Verarbeitungsalgorithmen konzipieren lassen; ich hatte zunächst
mit drei unterschiedlichen Programmen gearbeitet, wobei
sich der sequentiell ablaufende Algorithmus bezüglich
Speicherplatzbelegung und Rechenzeitbedarf am günstig-
sten (nicht notwendig optimal) erwies. 'Sequentiell
ablaufend' besagt, daß das Programm zunächst die impossiblen Fälle streicht, dann die irrelevanten Fälle
eliminiert, bevor es den verbleibenden relevanten Bedingungskombinationen gemäß den diesbetreffenden Elementar-Regeln Aktionen zuweist.

Der hier vorgestellte Verarbeitungsalgorithmus YDTPRC
erzeugt sowohl eine einzelne ET, als auch ein in mehrere subtables zergliedertes ET-System, sofern sich ein
derartiges Splitting des Gesamtproblems als erforderlich herausgestellt hat.

YDTPRC arbeitet durchweg mit der bereits eingeführten
(0,1,2)-Codierung. Die aufbereiteten (und konsistenten)
INPUT-Tabellen werden über entsprechende Fortran-
COMMON-Bereiche als Matrizen dem Programm zur weiteren
Verarbeitung zugänglich gemacht.

2 Der Verarbeitungsgeneratorteil YDTPRC

Das Programm YDTPRC generiert sequentiell vorgehend das
endgültige ET-System. YDTPRC besteht im wesentlichen aus
fünf Abschnitten. Im ersten Abschnitt werden durch Aufruf
von YLOWUP und YSORT die relevanten Anwendungsbereiche
einer jeden INPUT-Regel (Elementar-Regel, Impossibilität
und Else-Regel) bestimmt und angepaßt an den Anwendungs-
zeitpunkt dieser Regeln sortiert. Dadurch wird weitgehend
verhindert, daß INPUT-Regeln in Bezug auf eine zu gene-

rierende subtable zur Anwendung gelangen, deren
Variationsbereich inkongruent zum Bereich der Bedingungskombinationen der vorliegenden subtable ist.
Dieser erste Programmabschnitt wird nur aktiviert,
wenn eine Zergliederung der Tabellen angezeigt ist.

Die nachfolgenden drei Abschnitte ähneln sich in ihrer
Funktion und demnach in ihrem Aufbau. Der erste dieser
drei Abschnitte streicht die impossiblen Bedingungskombinationen aus einer Tabelle (oder subtable) gemäß
den Variationen (YANALY) der zur Anwendung gelangten
Impossibilitäten. Das eigentliche Streichen geschieht
dabei dadurch, daß der ersten Komponente des action-
parts der zu streichenden Regel der Wert '11349'
(high value) zugeteilt wird; diese derart gekennzeichneten Regeln fallen bei einer späteren Abfrage als
impossible Fälle heraus. Die komplette ET (subtable)
ist nun (zumindest formal) auf die nichtimpossiblen
Fälle reduziert worden. Im nachfolgenden Programmabschnitt werden jetzt noch die relevanten von den irrelevanten Bedingungskombinationen separiert.

Dazu werden die Variationen (YANALY) der als anwendbar
erkannten Else-Regeln gebildet. Diese Variationen führen
zur Elimination irrelevanter Bedingungskombinationen aus
der zu generierenden Tabelle (auch subtable). Dies geschieht ebenfalls nach dem high-value-Verfahren; hierbei
erhält die erste action-part-Komponente der zu eliminie-
renden Regel den bezeichnenden Wert '22450'; diese Bedingungskombination ist damit als irrelevant kategori-
sierte gekennzeichnet.

Nach diesem Vorgang verbleiben in einer Tabelle (oder
subtable) nur noch die relevanten und die bisher nichtkategorisierten Fälle. Den relevanten Bedingungskombinationen wird gemäß den eingegebenen Elementar-Regeln
nach Ermittlung deren Variationen (YANALY) Aktionen zu-
erteilt (YACPAR). Die bislang nur mit ihrem Dezimaläquivalent (Index) bezeichneten Bedingungskombinationen
werden nun mittels YDUAL in die (0,1)-Codierung (duale
Schreibweise) überführt, wobei sinnfälligerweise die
'0' einem 'NO' und die '1' einem 'YES' entspricht. Anschließend werden durch geeignete high-value-Abfragen
die nichtkategorisierten Fälle festgestellt.

Im fünften und letzten Programmabschnitt werden die
erzeugten Tabellen konsolidiert (wenn gewünscht -
+PROBLM-Karte -) und ausgegeben (YDTOUT). Weiterhin werden die nichtkategorisierten Bedingungskombinationen aufbereitet und sowohl in gedashter als auch in unkonsoli-
dierter Form der Ausgabe zugeführt.

Mit Ablauf des Generatorteils YDTPRC ist die algorithmische Konstruktion eines ET-Systems abgeschlossen (siehe
hierzu Abb.IC1.1).

2.1 Die Prozedur YLOWUP

Jede komplette subtable i enthält in dem in YDTPRC implizierten Splitting-Verfahren 2^{nsmax} Bedingungskombinationen. Das komplette ET-System umfaßt $2^{n-nsmax}$ subtables, die man fortlaufend von 1 bis $2^{n-nsmax}$ durchnumerieren kann. Eine derartige Indizierung ersetzt vollständig den sodefinierten Oberbau.

Die Prozedur YLOWUP verarbeitet die Regeln der Eingabetabellen (IMPOSS, ELSE, ERCOND). Die condition-entries dieser drei Tabellen werden nacheinander abgearbeitet; die entries werden dabei durch die COND von YLOWUP übernommen. COND seinerseits ermittelt regelweise die kleinste bzw. größte Variation. Der Wert der Variation wird aus den ersten n-nsmax Bedingungswerten einer jeden Regel bestimmt. Die kleineren der so ermittelten Variationen werden in den Vektor LOW übertragen, während die größeren Variationen nach UPP geschrieben werden. Jeweils eine Vektorkomponente von LOW und die dazugehörige von UPP stellen die untere bzw. obere Bereichsgrenze des relevanten Anwendungsbereichs der entsprechenden Eingabe-Regel dar. Um feststellen zu können, ob eine bestimmte Eingabe-Regel j unter Umständen auf eine beliebige, aber feste subtable i anzuwenden ist, muß zunächst nur abgefragt werden, ob der fortlaufende Index i der subtable innerhalb der durch LOW(j) und UPP(j) angegebenen Bereichsgrenzen liegt.

2.2 Die Prozedur YSORT

Die Prozedur YSORT baut aus den Angaben von LOW und UPP (YLOWUP) einen Vektor VECLOW auf, der für die einzelnen Regeln einer Eingabetabelle die Abfragereihenfolge festlegt. Eine Eingabetabelle kann maximal 128 Regeln beinhalten; im ungünstigsten Fall müßten also pro subtable 384 Abfragen durchgeführt werden und wenn die Anzahl der entstehenden subtables 16384 (= 2^{14}) annimmt, ergäben sich circa 6,3 Millionen Regelvergleiche, was selbstredend stark in den Rechenaufwand eingeht. Um diesem Übel zu begegnen, wurden die beiden Prozeduren YLOWUP und YSORT eingeführt, wodurch nur die in Bezug auf die jeweils zu erzeugende subtable i relevanten Eingabe-Regeln zum Einsatz gebracht werden.

2.3 Die Prozedur YANALY

Erläuterung der formalen Parameter von YANALY: NN ist

die Anzahl der Bedingungen; DIG ist die Ziffernfolge der
zu variierenden Bedingungskombinationen; IAA bedeutet die
Anzahl der relevanten (0,1) Bedingungswerte pro Bedingungskombination; IHH hat den Wert NN-IAA und bedeutet
die Anzahl der Zweien in DIG; IKK ist 2^{NN}, das ist die
Anzahl der möglichen Bedingungskombinationen; STRIX ist
ein Vektor und enthält die Dezimaläquivalente der Variationen; alle STRIX (I) sind mit zunehmendem Index
aufsteigend sortiert.

DIG (I):			Var (DIG (I)):	Stellenwert:
1	1	----------	1 1 1 1 1 1 1 1	5
2	0	----------	0 0 0 0 0 0 0 0	4
3	2	++++++++++	0 0 0 0 1 1 1 1	3
4	2	++++++++++	0 0 1 1 0 0 1 1	2
5	1	----------	1 1 1 1 1 1 1 1	1
6	2	++++++++++	0 1 0 1 0 1 0 1	0

Die Zeilen mit den Kreuzen sind die Zeilen, die variiert
wurden; die anderen Zeilen werden unverändert beibehal-
ten.

STRIX errechnet sich nun als Dezimaläquivalent der Variationen Var (DIG (I)), derart daß zunächst der Wert der
unveränderten Stamm-Ziffern bestimmt wird: sum =
$1.2^1+0.2^4+1.2^5$ = 34. Auf sum wird dann im folgenden der
stellenwertgemäße Dezimalwert der variierten Ziffern
addiert:

Bestimmung von STRIX (I):

$$0.2^0+0.2^2+0.2^3 = 0 \qquad + 34 = 34$$
$$1.2^0+0.2^2+0.2^3 = 1 \qquad + 34 = 35$$
$$0.2^0+1.2^2+0.2^3 = 4 \qquad + 34 = 38$$
$$1.2^0+1.2^2+0.2^3 = 5 \qquad + 34 = 39$$
$$0.2^0+0.2^2+1.2^3 = 8 \qquad + 34 = 42$$
$$1.2^0+0.2^2+1.2^3 = 9 \qquad + 34 = 43$$
$$0.2^0+1.2^2+1.2^3 = 12 \qquad + 34 = 46$$
$$1.2^0+1.2^2+1.2^3 = 13 \qquad + 34 = 47$$

I	1	2	3	4	5	6	7	8
STRIX (I)	34	35	38	39	42	43	46	47

Zur Berrechnung von STRIX (I) wird der Wert der Stamm-
Ziffern sum nur einmal bestimmt und bei der Variation
wird ausgenutzt, daß Potenzen von 2 wiederholt auftreten,

außerdem werden die Multiplikationen (und nachfolgende
Additionen) mit Null vermieden.

2.4 Die Prozedur YACPAR

Die Prozedur YACPAR besorgt die Einfügung des Elementar-
Regel-action-part IXX in den aktuell zu generierenden
action-part IX. M bedeutet hierbei die Anzahl der Aktionen. Die Prozedur enthält eine ziffernmäßige Aufschlüsselung der action-parts IXX und IX. IX muß bei jedem
Prozeduraufruf erneut analysiert werden, wogegen IXX
nur dann in seine Ziffern zerlegt wird, wenn es sich
zuvor verändert hat. Die einmalige Zifferndarstellung
wird jeweils im Vektor DIGT (M Komponenten) aufbewahrt
und OLDY erhält in den Fällen, in welchen IXX unverändert bleibt den Wert TRUE. Das untenstehende Beispiel
möge die Funktionsweise von YACPAR verdeutlichen:

IXX	IX	neuer action-part in IX	
1	O	----------------------	1
O	1	----------------------	1
O	O	----------------------	O das entspricht einer
O	O	----------------------	O ODER-Verknüpfung
1	1	----------------------	1
O	1	----------------------	1

Hauptbestandteil von YACPAR ist eben die Aufschlüsselung
von IXX und IX. Diese Analyse arbeitet ähnlich wie die
in YDIGIT, nur daß bei der Ziffernzerlegung der action-
parts im Gegensatz zur Zerlegung der condition-part
ausschließlich zwei verschiedene Ziffern auftreten (O,1).
Diese Analyse von IXX und IX hätte man unter Umständen
auch von YDIGIT durchführen lassen können, mir erschien
es jedoch günstiger, diese Zerlegung (in abgewandelter
Form) nochmals in ein Unteprogramm aufzunehmen, man kann
dadurch besser auf die speziellen Eigenheiten der
action-part-Zuweisung eingehen.

2.5 Die Prozedur YDUAL

Die Prozedur YDUAL wandelt eine Dezimalzahl dargestellt
durch 10 Ziffern in eine "Dezimalzahl", die durch 2 Ziffern (O,1) wiedergegeben wird (entspricht der Dualzahl-
Darstellung)

Beispiel: IK = 29 (in Worten: neunundzwanzig)

```
29 : 2 = 14 Rest 1
14 : 2 =  7 Rest 0        Bestimmung einer Dualzahl
 7 : 2 =  3 Rest 1        durch fortgesetzte Division
 3 : 2 =  1 Rest 1        durch 2 - Restbetrachtung
 1 : 2 =  0 Rest 1
```

Die Reste von unten nach oben gelesen ergeben :
LM = 11.101 (in Worten: elftausendeinhunderteins).

3 Verarbeitung des Verhelstschen Beispiels

Die Anwendung des ET-Konstruktionsprogramms YDTPRC auf
das Paradebeispiel der Prämienvergütung (siehe Absatz
IIA4) soll an dieser Stelle durch den DVA-Output weiter
vergegenwärtigt werden. Nach Kontrollausschrift der eingegebenen Entscheidungssituation (siehe hierzu Absatz
IIB6) und nach der o.K.-Meldung des Konsistenztests
YDTREC (siehe Absatz IIB7) wird hier nun die Anschrift
des dritten Generatorteils, YDTPRC, wiedergegeben. Im
Anschluß an die Ausgabe der erzeugten ET, die vollständig die Entscheidungssituation 'Prämienvergütung' erfaßt, folgt die Auflistung der irrelevanten Bedingungskombinationen, zunächst in ursprünglicher und dann in
konsolidierter Form.

```
OUTPUT OF FINAL DECISION TABLE


                  SSAAA N                    PPPPPPP
                  EEBBB                      :::::::
                  NNSSS 1                    SPPPPPE
                        5                    ERRDDDX
                  31420 *                    NEECCCC
                  ***** *                    *::::::
                  ***** *                    *      *
                  ***** *                    *12123*

RULE-NR.   1      NNYYY N                    --X----
RULE-NR.   2      NNYYY Y                    --X--XX
RULE-NR.   3      NYYYN -                    -X--X--
RULE-NR.   4      NYYY- N                    -X--X--

RULE-NR.   5      NYYYY Y                    -X--X-X
RULE-NR.   6      YYYNN N                    X------
RULE-NR.   7      YYYNN Y                    X--X---
RULE-NR.   8      YYYYN -                    XX-X---

RULE-NR.   9      YYYY- N                    XX-X---
RULE-NR.  10      YYYYY Y                    XX-X--X
```

OUTPUT OF UNCATEGORIZED CASES

```
                          SSAAA N
                          EEBBB
                          NNSSS 1
                                5
                          31420 *
                          ***** *
                          ***** *
                          ***** *

UCCS-NR.   1    NNNNN N
UCCS-NR.   2    NNNNN Y
UCCS-NR.   3    NNYNN N
UCCS-NR.   4    NNYNN Y

UCCS-NR.   5    NNYYN N
UCCS-NR.   6    NNYYN Y
UCCS-NR.   7    NYNNN N
UCCS-NR.   8    NYNNN Y

UCCS-NR.   9    NYYNN N
UCCS-NR.  10    NYYNN Y
UCCS-NR.  11    YYNNN N
UCCS-NR.  12    YYNNN Y
```

OUTPUT OF CORRESPONDING DASHED ELSE-CASES

```
                          SSAAA N
                          EEBBB
                          NNSSS 1
                                5
                          31420 *
                          ***** *
                          ***** *
                          ***** *

UCCS-NR.   1    N--NN -
UCCS-NR.   2    NNY-N -
UCCS-NR.   3    -YNNN -
```

E Die endgültige ET und ihre weitere Verarbeitung

1 Dashing — Die Prozedur YDASH

Die impossiblen und irrelevanten Fälle sind nun in-
zwischen durch einen Verarbeitungsalgorithmus (siehe
hierzu Abschnitt IID) aus der vormals kompletten Entscheidungstabelle entfernt worden. Um nun von dieser
Tabelle zur endgültigen ET zu gelangen, sind noch zwei
weitere Erstellungsphasen erforderlich: 1. Dashing
und 2. Starring.

Unter dem Begriff 'Dashing' (oder Konsolidierung) verstehe ich zunächst die Zusammenfassung einfacher Regeln zu komplexen Regeln, soweit das möglich ist, ohne
die durch die ET wiedergegebene Entscheidungssituation zu
verfälschen. Darüberhinaus können in einem wiederholten
Dashing auch komplexe Regeln zusammengefaßt werden. Regeln werden paarweise gedasht. Ein Regelpaar kann dann
konsolidiert werden, wenn die beiden Regeln bis auf die
Eintragung in einer Bedingung übereinstimmen (das impliziert, daß die beiden action-parts gleich sind). Die
Bedingung, durch welche die beiden Regeln voneinander abweichen, nimmt in den 2 Regeln zueinander komplementäre,
logische Werte an (N-Y oder Y-N). Siehe hierzu das untenstehende, fiktive Beispiel:

	1	2	3	4	5	6	7	8
B1	Y	N	Y	N	Y	N	Y	N
B2	Y	N	N	–	N	Y	Y	–
B3	N	N	N	Y	N	N	N	Y
B4	Y	Y	N	N	Y	Y	N	Y
A1	–	X	–	X	–	X	–	X
A2	X	–	X	–	X	–	X	–
A3	–	–	–	X	–	–	–	X

Nach dem Dashing ergibt sich folgende ET:

	2,6	1,3,5,7	4,8
B1	N	Y	N
B2	–	–	–
B3	N	N	Y
B4	Y	–	–
A1	X	–	X
A2	–	X	–
A3	–	–	X

Das Dashing kann insbesondere als die Umkehrung der
Variation aufgefaßt werden, so daß für die komplexe
Regel R_k und für die einfachen Regeln R_1, R_2,......,
R_n die beiden Beziehungen gelten:

dash $(\text{Var}(R_k)) = R_k$

$\text{Var}(\text{dash}(R_1, R_2,......, R_n)) = R_1, R_2,......, R_n$

Um die Konsolidierung von Entscheidungstabellen automatisch durchführen zu können, wurde ein entsprechendes Programm geschrieben. Das Programm trägt den Namen YDASH und ist im Anhang vollständig wiedergegeben. Nach der Erläuterung der Begriffe 'Einsübergang' und 'halb-vektoriell' werde ich auf dieses Programm eingehend zurückkommen.

Zwei Binärworte, die sich nur in einer Stelle unterscheiden, bilden einen Einsübergang. 2 Entscheidungsregeln (mit gleichem action-part) können gedasht werden, wenn deren condition-parts einen solchen Einsübergang darstellen. Allgemein liegt dann ein n-Übergang vor, wenn sich zwei Binärworte in genau n Binärstellen unterscheiden. Der Begriff des Einsübergangs ist aus der Schaltwerktheorie entlehnt. Die Schaltwerktheorie wendet bei der systematischen Ableitung der Primimplikanden aus der disjunktiven Normalform zur Vereinfachung von Schaltwerken ähnliche Konsolidierungsverfahren an, wie sie hier in diesem Kapitel im Zusammenhang mit der ET-Technik behandelt werden.

DV-Anlagen, die zur Darstellung von integer-Zahlen vier Byte (je 8 bit) benötigen, können positive Zahlen bis zur Größe von $2^{31}-1$ verarbeiten (= 2.147.483.647); damit ist die Darstellung von maximal 9-stelligen 0,1,2-Codierungen zulässig, wie ich sie für die Erstellung von ETs verwende. Durch diese Beschränkung wäre man auf die maximale Anzahl von 9 Bedingungen festgelegt. Um diese Restriktion zu entschärfen, bieten sich drei Vorgehensweisen an: erstens kann man reinvektoriell arbeiten und dazu Vektoren mit allgemein n bzw. m Komponenten einführen und jeder Bedingung oder Aktion eine separate Vektorkomponente zuweisen. Zweitens läßt sich, da das rein-vektorielle Arbeiten einen unnötig großen Speicherplatz- und Rechenzeitaufwand nach sich zieht, halb-vektoriell vorgehen. Dabei werden jeweils immer 8 Bedingungen oder Aktionen zusammengefaßt und einer Vektorkomponente zugeordnet. Die halb-vektorielle Vorgehensweise wird im noch zu beschreibenden Programm YDASH exerziert. Das eleganteste Verfahren, das in diesem Zusammenhang anzuführen wäre, ist wohl das Arbeiten mit entsprechenden Strings. Hierzu muß man jedoch auf die Bitstruktur der einzelnen Maschinenworte zugreifen können.Mit dieser Methode ließen sich bei der eben als Beispiel erwähnten Maschine 32 einfache (zweiwertig) oder 16 komplexe (dreiwertig) Regel-Eintragungen darstellen. Zur Verarbeitung dieser Strings (Verkettung, Vergleich, Einfügen von Zeichen etc.) sind oft speziell auf die jeweilige EDV-Anlage zugeschnittene, sehr schnelle Maschinen-Prozeduren implementiert.

Die Subroutine YDASH bewerkstelligt die Konsolidierung von Entscheidungstabellen. Erklärung der formalen Para-

meter: NN bedeutet die Anzahl der Bedingungen dieser ET,
MA ist die Anzahl der Aktionen. Die N8 x NUM-Matrix
COND enthält den condition-entry der ET und die M8 x
NUM-Matrix ACT beinhaltet den dazugehörigen action-entry.
N8 gibt an, in wieviele 8-er Blöcke der condition-part
einer jeden Regel untergliedert ist. M8 ist das Analogon
zu N8 in Bezug auf den action-part. NUM ist die Anzahl
der Regeln der zu konsolidierenden ET. Die logischen
Variablen BREAK und REDUND steuern den Programmabbruch
bzw. die Beseitigung sich eventuell ergebender Redundanzen.

Die Tabellen COND, ACT, CONDIT, ACTION, DASHES und
DASHED haben folgenden zeilenweisen Aufbau:

| B1 | B2 | B3 | B4 | B5 | B6 | B7 | B8 | Bedingungen bzw. |
| A1 | A2 | A3 | A4 | A5 | A6 | A7 | A8 | Aktionen |

$$B1 \quad B2 \quad B3 \quad B4 \quad B5 \quad B6 \quad B7 \quad B8 \qquad \text{Bedingungen bzw.}$$
$$A1 \quad A2 \quad A3 \quad A4 \quad A5 \quad A6 \quad A7 \quad A8 \qquad \text{Aktionen}$$

O   1   O   1   1   1   O   1   1. Komponente

B9 B10 . . . .
A9 A10 . . . .

O   1   . . . .   2. Komponente

. . . .B_{n-1} B_n mit Nullen
. . . .A_{m-1} A_m auffüllen

. . . .O   1   O   O   O   O   O   N8-te Komponente
                                    M8-te Komponente

Die Subroutine YDASH geht regelweise die zu dashende ET
durch und sucht zunächst nach Regeln mit gleichen
action-parts. Werden Regeln j gefunden, die mit der
i-ten Regel (i läuft von 1 bis NUM-1) im action-part
übereinstimmen, so werden die condition-parts dieser
Regeln nach DASHED übertragen; KK zählt diese Übertra-
gungen. Wenn der Bedingungsteil der j-ten Regel (j läuft
von i+1 bis NUM) auf diese Weise nach DASHED gelangt,
wird der j-te Signifikator ISGNF1 (j) auf den Wert 11349
gebracht; entsprechende Abfragen sichern hierdurch, daß
bereits erfaßte Regeln nicht mehrmals berücksichtigt werden. Ist nach Ablauf der action-part-Tests KK gleich 1,
dann ist in der ET keine Regel j vorhanden, die zur Regel
i denselben action-part vorweist. Wenn KK jedoch größer
als 1 ist, dann haben sich KK Regeln j mit dem action-
part der Regel i in der Tabelle DASHED zusammengefunden.
Anschließend wird die Tabelle DASHED nach Einsübergängen
abgesucht. Dazu wird jede Regel j (j läuft von 1 bis
KK-1) mit allen Regeln k (k läuft von j+1 bis KK) block-
weise (halbvektoriell) verglichen. Der m-te Block der
j-ten Regel wird vom m-ten Block der k-ten Regel subtrahiert (m läuft von 1 bis N8). Unterscheiden sich 2
solche Regeln nur in einem Block (IDIFF = 1), dann kann

die Untersuchung auf einen Einsübergang in diesem speziellen Block (mn-te) fortgesetzt werden. Wird allerdings ein zweiter abweichender Block gefunden, dann kann die Abfrage unterbrochen werden und k wird durch einen Sprung an das Ende der Laufanweisung k erhöht.

Haben sich jedoch derartige mn-te Blöcke gefunden, dann werden diese Blöcke der beiden korrespondierenden Regeln j und k auf einen Einsübergang getestet. Dazu wird der kleinere der beiden von dem größeren Block subtrahiert. Liegt ein Einsübergang vor, dann ist diese Differenz eine Potenz von 10. Man braucht also lediglich diese so gebildete Differenz zu analysieren, um entscheiden zu können, ob ein Einsübergang vorliegt oder nicht. Hierzu siehe das nachstehende, einfache Beispiel:

mn-te Block

der Regel j:	11210011	11002110	11201102
der Regel k:	11200011	10012110	10121210
	---	---	---
Differenz	10000	990000	1079892
Einsübergang:	ja	nein	nein

Der Exponent zur 10 vermehrt um 1 ergibt die Position des Einsübergangs (IPLADA), wenn ein solcher vorliegt. Der mn-te Block wird dann durch YDIGIT (siehe Absatz IIE1.1) ziffernweise zerlegt, an die Stelle IPLADA wird ein dash (eine 2) eingefügt und die Ziffernfolge wieder in die Dezimalschreibweise zurücktransformiert. Damit ist das Dashing vollzogen. Anschließend wird die gedashte Regel in die Tabelle DASHES eingefügt. Bevor das jedoch geschehen kann, wird geprüft, ob nicht vielleicht schon eine Regel dieser Form in der besagten Tabelle DASHES enthalten ist. Hierdurch soll vermieden werden, daß verschiedene Regeln doppelt in die Tabelle gelangen. Hat sich nach Abarbeitung aller j und k, mehr als eine Regel in der Tabelle DASHES eingefunden (IDASH größer 1), dann muß in einer wiederholten Dashing-Phase (REPEAT =.TRUE.) auf weitere Konsolidierungsmöglichkeiten geprüft werden.

Der Signifikator ISGNF2 hat normalerweise den Wert 22450. Er wird jedoch auf den Wert 11349 umgeschaltet, sobald die dazugehörigen Regeln der Tabelle DASHED an einem dashing-Vorgang beteiligt sind. Nach jeder dashing-Phase wird ISGNF2 abgefragt und die Regeln der Tabelle DASHED, bei denen ISGNF2 = 22450 ist, werden nach CONDIT gebracht, bevor DASHED durch DASHES überschrieben wird. Auf diese Weise werden diejenigen Regeln aus dem Algorithmus·herausgenommen, die mit Sicherheit für eine weitere Konsolidierung nicht mehr in Frage kommen.

Bleibt irgendwann einmal IDASH kleinergleich 1, dann wird die Tabelle DASHES nach CONDIT übertragen, außer-

dem wird ACTION entsprechend aufgefüllt. Nun wird i
fortgeschaltet und der Algorithmus läuft NUM-mal ab.
Hat i den Wert NUM erreicht, dann wird CONDIT nach
COND und ACTION nach ACT geschrieben, so daß die Eingabe der ET und die Ausgabe der konsolidierten ET über
die gleichen Matrizen erfolgen kann.

An einem einfachen Beispiel mag die Vorgehensweise des
soeben beschriebenen Programms demonstriert werden.
In den maximal n dashing-Phasen entsteht durch DASH auf
die an dem untenstehenden Beispiel gezeigte Weise ein
Endergebnis, das seinerseits zu weiteren Diskussionen
Anlaß gibt (formale Mehrdeutigkeit). Das Beispiel ist
in der üblichen 0,1,2-Codierung ausgeführt.

0.Phase	1.Phase	2. Phase
000	002	022
001	020	202
010	200	221
011	021	
100	201	
101	012	
111	211	
	102	
	121	

Die Phase 2 stellt die Endphase dar, da hier nicht mehr
weiter konsolidiert werden kann. Das erhaltene Endergebnis repräsentiert folgenden condition-entry:

	1	2	3
B1	N	–	–
B2	–	N	–
B3	–	–	Y

Das ist der condition-entry einer mehrdeutigen ET. Allerdings ist die Mehrdeutigkeit in diesem Fall keine funktionelle, sondern lediglich eine formale Mehrdeutigkeit, da
jede dieser Regeln aus einem Konsolidierungsprozeß hervorgegangen ist und somit den gleichen action-part besitzt.

Um eine auch formal eindeutige Lösung zu erhalten, wie
sie nachstehend wiedergegeben ist,

	1	2	3
B1	N	Y	Y
B2	–	N	Y
B3	–	–	N

muß man entweder den dashing-Algorithmus modifizieren
oder einen Algorithmus dem dashing, wie es bisher konzipiert wurde, nachschalten, der nachträglich durch
einen entsprechenden Vergleich des Endergebnisses mit
der Ausgangssituation die formale Eindeutigkeit bewirkt.

Da in FORTRAN keine dynamische Speicherplatzreservierung
möglich ist, mußte unter anderem der für die Tabellen
DASHED und DASHES benötigte Speicherraum im voraus festgelegt werden. In diesem Zusammenhang erhob sich naturgemäß die Frage, wie groß denn dieser Speicherplatzbe-
darf eigentlich sei. Um hierauf eine Antwort geben zu
können, muß man in Erfahrung bringen, wieviele Konsolidierungen man mittels NUM Regeln maximal durchführen
kann. Jede Regel mit n Bedingungen besitzt n mögliche
dash-Partner. Ist NUM kleiner als n, dann können in
dieser speziellen ET keine Regeln enthalten sein, die
auch alle ihre dash-Partner in derselben ET vorfinden.
Wenn NUM jedoch gleich 2^n ist, dann findet jede der
n Regeln ihre n möglichen dash-Partner in der nämlichen
ET. Wie verhält es sich jetzt, wenn man von der Diskussion der Trivialfälle absieht, bei der Vorgabe eines
beliebigen, aber festen n und eines beliebigen, aber
festen NUM?

Allgemein lassen sich bei einer kompletten ET (2^n Fälle)
$n.2^n$ Konsolidierungen durchführen. Nach Abzug der doppelten (gedashten) Regeln verbleiben in diesem Fall noch
$n.2^{n-1}$ verschiedene Konsolidierungen. Hierzu siehe
ferner die untenstehende Tabelle IIE1.1.

n = 3

1	2	3	4	5	6	7	8	Regel-Nummer i	$2^n = 8$
0	0	0	0	1	1	1	1		
0	0	1	1	0	0	1	1		$n.2^n = 24$
0	1	0	1	0	1	0	1		$n.2^{n-1} = 12$

Die einzelnen Rubriken der nachfolgenden Tabelle IIE1.1
bedeuten ausführlich:

A   laufende Numerierung
B   Regel-Nummern i der beiden dash-Partner
C   Kennzeichnung der doppelten Fälle. "In Überein-
      stimmung zu laufender Regel-Nr....."
D   Konsolidierte Regeln in 0,1,2-Codierung
E   Hier werden die gedashten Regeln in Abhängigkeit
      von NUM gekennzeichnet, die – trotz der Verminderung
      von NUM – bestehen bleiben und demzufolge mitgezählt
      werden müssen.

In E wird ein 'X' eingetragen, wenn die größere
Nummer der beiden dash-Partner (B) kleinergleich NUM
ist, und somit gesichert wird, daß auch noch nach
Streichung der Regeln 8,7,...,NUM+1 aus der kompletten (2^n Fälle) ET die Konsoldierung der in Rubrik
B bezeichneten dash-Partner durchgeführt werden kann,
da die beiden relevanten dash-Partner realiter noch
in der ET vorhanden sind. NUM=8 bedeutet, daß die
komplette ET zur Untersuchung vorliegt.

F   Die Summe F gibt die Anzahl der 'X' an und stellt
somit die Anzahl der durchzuführenden Konsolidierungen
in Abhängigkeit von NUM dar.

G   Die Summe G entspricht der Summe F, jedoch nach Abzug
doppelter Konsolidierungen. Es ist selbstverständlich,
daß z.B. das Dashing der Regeln 3 und 1 und das
Dashing der Regeln 1 und 3 zum selben Ergebnis führen;
solche Wiederholungen bleiben unberücksichtigt.

Tabelle IIE1.1

A	B	C	D	E								=	NUM
				8	7	6	5	4	3	2	1		
1	1,2		002	X	X	X	X	X	X	X	–		
2	1,3		020	X	X	X	X	X	X	–	–		
3	1,5		200	X	X	X	X	–	–	–	–		
4	2,1	1	002	X	X	X	X	X	X	X	X		
5	2,4		021	X	X	X	X	X	–	–	–		
6	2,6		201	X	X	X	–	–	–	–	–		
7	3,1	2	020	X	X	X	X	X	X	–	–		
8	3,4		012	X	X	X	X	X	–	–	–		
9	3,7		210	X	X	–	–	–	–	–	–		
10	4,2	5	021	X	X	X	X	X	–	–	–		
11	4,3	8	012	X	X	X	X	X	–	–	–		
12	4,8		211	X	–	–	–	–	–	–	–		
13	5,1	3	200	X	X	X	X	–	–	–	–		
14	5,6		102	X	X	X	–	–	–	–	–		
15	5,7		120	X	X	–	–	–	–	–	–		
16	6,2	6	201	X	X	X	–	–	–	–	–		
17	6,5	14	102	X	X	X	–	–	–	–	–		
18	6,8		121	X	–	–	–	–	–	–	–		
19	7,3	9	210	X	X	–	–	–	–	–	–		
20	7,5	15	120	X	X	–	–	–	–	–	–		
21	7,8		112	X	–	–	–	–	–	–	–		
22	8,4	12	211	X	–	–	–	–	–	–	–		
23	8,6	18	121	X	–	–	–	–	–	–	–		
24	8,7	21	112	X	–	–	–	–	–	–	–		
Summe F				24	18	14	10	8	4	2	0		
Summe G				12	9	7	5	4	2	1	0		

Wenn folgende ET vorliegt (action-parts seien alle gleich),

	5	4	3	2	1
B1	1	0	0	0	0
B2	0	1	1	0	0
B3	0	1	0	1	0

Konsolidierungen:
002
020
200
021
012

dann ergeben sich 5 verschiedene Konsolidierungen (Summe G), da NUM den Wert 5 hat.

Die Zahlen der Summe F (bzw. Summe G), die ich weiterhin mit D (NUM) bezeichnen will, ergeben sich auch noch
auf eine andere Weise. In der Tabelle IIE1.2 wird nun
eine weitere Methode zur Bestimmung der D (NUM) vorgestellt.

Die Rubriken der Tabelle IIE1.2 bedeuten im einzelnen:

A   Reihenfolge, in welcher die Streichung der Regeln
    aus (B) erfolgt.

B   Regel-Nummer i

C   Die zur Regel i gehörenden Einsübergänge (potentielle dash-Partner); zum Beispiel :

<u>4</u>   <u>2 3 8</u>

    0   0 0 1   Übrigens: Die Einsübergänge zu einer
    1   0 1 1   Regel i bilden untereinander
    1   1 0 1   Zweiübergänge!
    =   =====

D   In D steht in Abhängigkeit von NUM die Anzahl der pro
    Regel i nach Streichung der Regeln 8,7,.., NUM+1 aus
    der kompletten ET verbleibenden Einsübergänge.
    Nachdem also die Regel 8 (NUM=7) gestrichen ist,
    bleiben im obigen Beispiel nur noch 2 Einsübergänge
    zur Regel 4 übrig. NUM = 8 heißt, daß die komplette
    ET vorliegt.

Tabelle IIE1.2:

A	B	C	D								
			8	7	6	5	4	3	2	1	O = NUM
8	1	2,3,5	3	3	3	3	2	2	1	O	OI
7	2	1,4,6	3	3	3	2	2	1	1	1I	OI
6	3	4,1,7	3	3	2	2	2	1	1I	1I	OI
5	4	3,2,8	3	2	2	2	2	2I	1I	OI	OI
4	5	6,7,1	3	3	2	1	1I	1I	1I	1I	OI
3	6	5,8,2	3	2	2	2I	1I	1I	1I	OI	OI
2	7	8,5,3	3	2	2I	2I	1I	1I	OI	OI	OI
1	8	7,6,4	3	3I	2I	1I	1I	OI	OI	OI	OI
Summe H			24	21	18	15	12	9	6	3	O
Summe I			O	3	4	5	4	5	4	3	O
Summe F			24	18	14	1O	8	4	2	O	O

Summe H ist die Spaltensumme; sie ist stets gleich
n.NUM, da durch die Streichung einer Regel jeweils genau
n Einsübergänge ausscheiden. Die Summe I ist die Summe
der mit einem nachstehenden 'I' gekennzeichneten Spaltenelemente. Diese Elemente kommen folgendermaßen zu-
stande: Wenn NUM = i,dann sind bei vorgegebener Streichungsreihenfolge in der ET die Regeln 1,2,..i enthalten, wogegen die Regel i+1,i+2,..,n aus der kompletten
ET gestrichen wurden. Durch eine derartige Streichung
entfallen trivialerweise die Regeln i+1,i+2,..,n als
dash-Partner. Da gilt: die Konsolidierung der j-ten
und k-ten Regel ist gleich der Konsolidierung der k-ten
und j-ten Regel - dash (R_j,R_k) = dash (R_k,R_j); kommuta-
tiv -, wirkt sich das Weglassen von Regeln auf zwei
Weisen aus. Durch Streichung z.B. der Regel 8 vermindert sich die Zahl der Einsübergänge der Regeln 7, 6 und
4 um eins; dieser Vorgang schlägt sich in der Summe H
nieder. Weiterhin hat die Regel 8 selbst auch keine
Einsübergänge mehr (die Regel 8 ist nicht mehr vorhanden!); deswegen dürfen die 3 Einsübergänge, die die Regel 8 bisher hatte, nicht mehr in der Spalte NUM - 7
mitgezählt werden, da die Spalte NUM = 7 nur noch das
Vorhandensein der Regeln 1,2,..,7 berücksichtigt. Aus
diesem Grund wird die 3 der Spalte NUM = 7 in der Zeile
8 durch ein 'I' gekennzeichnet: die derartig markierten
Elemente werden dann spaltenweise (in Abhängigkeit von
NUM) in der Summe I zusammengefaßt.

Das D (NUM) (Summe F) ergibt sich aus der Differenz der
Summe H und der Summe I! In einer anderen Schreibweise:

D (NUM) =n.NUM - (n,NUM),

wobei (n,NUM) die einzelnen Summen I in Abhängigkeit von
NUM repräsentiert. n bedeutet die Anzahl der Bedingungen
der zu konsolidierenden ET. Für die (n,NUM) ergibt sich
das Schema der Tabelle IIE1.3:

```
n=1    O                       1                       O

n=2    O           2           2           2           O

n=3    O    3    4       5     4       5     4    3    O

n=4    O  4  6  8  8  10  10  10  8  10  10  10  8  8  6  4  O
 .
 .
 .
 .
```

NUM = O,1,2...(zeilenweise)

Als nächstes ging es mir darum, das Bildungsgesetz
dieser (n,NUM) zu ermitteln. Dazu schrieb ich ein Programm, das mir für weitere n (n = 5,6,7,8) diese Zah-

lenfolgen durch Auszählen der relevanten Einsübergänge (wie bereits weiter oben beschrieben) errechnet.

Das diesbezügliche Programm geht von der Dezimalzahl
$1-2^n$ aus und ermittelt durch YDUAL die entsprechenden
Dualäquivalente. Hierzu werden dann anschließend die
jeweils n Einsübergänge bestimmt, die in einer Matrix
zusammengefaßt werden. Durch entsprechende Abfragen
gelangen in einen Vektor die mit 'I' gekennzeichneten
Elemente einer Spalte. Die Summe I entsteht dann in
einem weiteren Vektor. Die einzelnen Komponenten des
Vektors entsprechen den gesuchten (n,NUM).

Die ausführlichen Ergebnisse des Programms ließen das
Bildungsgesetz der (n,NUM) erkennen:

Tabelle IIE1.4:

```
n=0   0
n=1   0 1 0
n=2   0 2 2 2 0
n=3   0 3 4 5 4 5 4 3 0
n=4   0 4 6 8 8 10 10 10 8 10 10 10 8 8 6 4 0
  .
  .
  .   etc.
```

NUM = 0 1 2 3 4 5 6 7 8 9 10 11 12 13 14 15 16

Hieraus ergibt sich für die (doppelte Anzahl der
potentiellen dash-Partner folgende Formel:

$$D (NUM) = n \cdot NUM - (n,NUM), \quad n \in \mathbb{N} \qquad NUM \in \left\{ 0,1,2,\ldots 2^n-1, 2^n \right\}$$

mit den Bildungsgesetzen für (n,NUM):

1. $(n,0) = (n,2^n) = 0$
2. $(n,1) = (n,2^n-1) = n$
3. $(n,NUM) = (n-1,NUM) + NUM \qquad NUM \leq 2^{n-1}$
4. $(n,NUM) = (n,NUM-2^{n-1}) \qquad NUM \geq 2^{n-1}$

Aus diesen Bildungsgesetzen läßt sich eine Iteration zur
Bestimmung der (n,NUM) bilden.

Da D (NUM) immer geradzahlig ist - weil n.NUM und
(n,NUM) nur gemeinsam jeweils gerade oder ungerade sein
können -, läßt sich die einfache Anzahl der in einer ET
mit NUM Regeln (maximal - siehe weiter unten -) enthal-

126 *Konzept eines interaktiven ET-Generators*

tenen potentiellen dash-Paare bestimmen:

DP (NUM) = D (NUM)/2

Speziell gilt für NUM = 2^m, m beliebig, ganz und
n > m:

(n,NUM) = (n,2^m) = (n-m).2^m
DP (n,NUM) = D (n,NUM)/2 = (n.2^m-(n-m).2^m)/2 = m.2^{m-1}

Bemerkenswerterweise ist die hier ermittelte Anzahl der
potentiellen dash-Partner in einer Tabelle mit NUM
(NUM ist hierbei nach Voraussetzung eine Zweierpotenz)
Regeln unabhängig von der Anzahl n der Bedingungen ?!

Zu einer nachfolgenden Betrachtung möchte ich mich
noch einmal auf die Tabelle IIE1.2 beziehen und dabei
die Rubrik A (Streichungsreihenfolge) einigen Modifi-
kationen unterziehen.

Bisher habe ich die Anzahl der dash-Paare (Konsolidierungen) von ETs ermittelt, die NUM Regeln besitzen,
bei denen aber ganz speziell die Regeln mit den Nummern
NUM+1,NUM+2,..,2^n fehlen. Würden andere Regeln gestrichen, dann ergeben sich vermutlich andere (n,NUM).
Diese Vermutung wird durch Variation der Streichungsreihenfolge (Rubrik A) in den nachfolgenden 2 Tabellen
überprüft:

Es gelten weiterhin die Bedeutungen der Rubriken wie
bei Tabelle IIE1.2 vereinbart:

Tabelle IIE1.5:

A	B	C	D									= NUM
			8	7	6	5	4	3	2	1	0	
5	1	2,3,5	3	3	3	3	2	2I	1I	0I	0I	
7	2	1,4,6	3	3	3	2	2	1	1	1I	0I	
4	3	4,1,7	3	3	2	1	1I	0I	0I	0I	0I	
3	4	3,2,8	3	2	2	2I	1I	1I	1I	0I	0I	
6	5	6,7,1	3	3	2	2	2	1	1I	1I	0I	
8	6	5,8,2	3	2	2	2	2	2	1	0	0I	
2	7	8,5,3	3	2	2I	2I	1I	1I	0I	0I	0I	
1	8	7,6,4	3	3I	2I	1I	1I	1I	1I	1I	0I	
Summe H			24	21	18	15	12	9	6	3	0	
Summe I			0	3	4	5	4	5	4	3	0	
Summe F			24	18	14	10	8	4	2	0	0	

Für NUM = 4 sind bei einer Streichungsreihenfolge,
wie sie in Tabelle IIE1.5 gegeben ist, noch folgende
Regeln in der ET vorhanden:

	1	2	5	6
B1	O	O	1	1
B2	O	O	O	O
B3	O	1	O	1

Das ist die verbleibende ET (die
action-parts sind alle gleich) mit
den 8/2 = 4 verschiedenen Konsolidierungen : 002, 200, 201 und 102

Das Resultat der Tabelle IIE1.5 erweckt den Eindruck, daß
die (n,NUM) von der Streichungsreihenfolge unabhängig
seien. Diese Invarianz ist jedoch nicht allgemein gegeben, wie die Tabelle IIE1.6 zeigt.

Tabelle IIE1.6:

A	B	C	D									=	NUM
			8	7	6	5	4	3	2	1	O		
3	1	2,3,5	3	3	2	2I	2I	1I	OI	OI	OI		
2	2	1,4,6	3	3	3I	2I	1I	1I	1I	1I	OI		
5	3	4,1,7	3	2	2	1	1	1I	1I	1I	OI		
8	4	3,2,8	3	3	2	2	2	1	1	O	OI		
6	5	6,7,1	3	2	2	1	O	O	OI	OI	OI		
4	6	5,8,2	3	3	2	2	2I	2I	1I	OI	OI		
1	7	8,5,3	3	3I	3I	3I	3I	2I	1I	OI	OI		
7	8	7,6,4	3	2	2	2	1	1	1	1I	OI		
Summe H			24	21	18	15	12	9	6	3	O		
Summe I			O	3	6	7	8	7	4	3	O		
Summe F			24	18	12	8	4	2	2	O	O		
Summe F aus Tab. IIE1.2 und IIE1.5			24	18	14	10	8	4	2	O	O		

Die Summe H ist unabhängig von der Streichungsreihenfolge
da beim Streichen irgendeiner Regel i stets genau n Einsübergänge aus den $n \cdot 2^n$ möglichen entfallen (in dieser
Zahl sind die doppelten Konsolidierungen noch enthalten;
in dieser Zahl ist ganz allgemein die Anzahl der Einsübergänge enthalten, die jede Regel i in Bezug auf die
übrigen Regeln darstellt und die jede Regel i selbst

besitzt). Es gilt immer Summe H (NUM) = n.NUM. Die
Tabelle IIE1.6 zeigt jedoch, daß die Summe I - und
damit die (n,NUM) - abhängig von der Streichungsreihenfolge ist. Es ist zu vermuten, daß die $(n,NUM)_R$
- bisher (n,NUM) - mit einer konsequenten Reihenfolge
(siehe Tabelle IIE1.2) stets kleiner oder höchstens
gleich den $(n,NUM)_{allg}$ mit einer allgemeinen Reihenfolge (siehe Tabelle IIE1.6) sind.

$$(n,NUM)_R \leqq (n,NUM)_{allg}$$

Ich betone, daß der soeben geschilderte Zusammenhang
lediglich eine Vermutung darstellt, die sich auf einige
wenige Beispiele und ein paar karge Überlegungen stützt.
Folgende Überlegungen bestärken mich in der Vermutung:
- ich beziehe mich auf Tabelle IIE1.2 -

1. In der ersten Spalte NUM = 8 (allgemein: NUM = 2^n)
   steht nie ein Element mit der Kennung 'I'. Daraus
   folgt, daß $(n,2^n)$ stets gleich Null ist.

2. In der zweiten Spalte NUM = 7 (allgemein: NUM =
   2^n-1) steht immer ein I-Element mit dem Wert 3
   (allgemein: n).

3. In der dritten Spalte NUM = 6 (allgemein: NUM =
   2^n-2) kommt mindestens ein I-Element mit dem Wert 2
   (allgemein: n-1), da die Einsübergänge unter sich
   Zwei-Übergänge bilden und die Spaltenelemente sich
   auf diese Weise nicht zweimal hintereinander reduzieren können.

4. In der vierten Spalte NUM = 5 kommt ebenfalls mindestens ein I-Element mit dem Wert zur Summe I hinzu.
   In der vorangegangenen Spalte NUM = 6 konnte wie aus
   Punkt 3 dieser Überlegung hervorgeht, keine 1 als
   Spaltenelement entstehen. Jetzt in NUM = 5 können
   sich Spaltenwerte von 2 auf 1 reduzieren, jedoch
   wird eine derart entstandene 1 nie zu einem neuen
   I-Element werden, da das heißen würde, daß eine Regel ihr eigener Einsübergang wäre; das ist ein
   Widerspruch. Ein Spaltenelement kann nie gleichzeitig sich reduzieren und zu einem neuen I-Element
   werden.

5. Soweit ein paar Gedanken über die Entstehung neuer
   I-Elemente. I-Elemente, die von der Spalte NUM =
   NUM + 1 in die Spalte NUM = NUM übernommen werden,
   sind bereits derart reduziert, daß sie zu den klein-
   sten Spaltenelementen und wahrscheinlich auch zu den
   kleinstmöglichen I-Elementen zählen (siehe Tabelle
   IIE1.2).

6. Für die Spalten NUM = 1 und NUM = O lassen sich ähn-

liche Überlegungen wie in den Punkten 1. und 2. anstellen.

Die soeben etwas zusammenhanglos aufgelisteten Überlegungen haben die gleichsinnige Tendenz, die obige Vermutung zu bekräftigen. Eine Bestätigung der Behauptung durch ein systematisches (per Programm) Durchprüfen aller möglichen Streichungsreihenfolgen kann nicht gewonnen werden, da die Anzahl der möglichen Streichungsreihenfolgen gleich $2^n!$ ist und demnach für zunehmende n sehr stark anwächst. (n=3 Anzahl der möglichen Streichungsreihenfolgen 40320; n=4 Anzahl der möglichen Streichungsreihenfolgen ca. $2,0923.10^{13}$).

Wenn sich tatsächlich durch nähere, zahlentheoretische Betrachtungen ergeben sollte, daß stets

$$(n,NUM)_R \leqq (n,NUM)_{allg}$$

gilt, dann bedeutet DP (n,NUM) = n.NUM − $(n,NUM)_R$ eine gewisse obere Grenze für die Anzahl der aus einer ET mit NUM Regeln (gleiche action-parts vorausgesetzt) allgemein hervorgehenden dash-Paare (Konsolidierungen). Wenn man nun ein nmax und ein NUMmax vorgibt und daraus DP (nmax, NUMmax) bestimmt, dann hat man die maximale Anzahl der auftretenden Konsolidierungen für n $\leqq$ nmax und NUM $\leqq$ NUMmax, da DP (n,NUM) eine monoton steigende Distribution in n und in NUM darstellt. Auf diese Weise läßt sich auch der in jedem Fall ausreichende Speicherplatz der Tabellen DASHES und DASHED und des Vektors ISGNF2 des Programms YDASH ermitteln.

Das dashing scheint jedenfalls im Prinzip gelöst zu sein. Lediglich die Beseitigung der formalen Mehrdeutigkeit wird, wenn sich diese als wünschenswert erweisen sollte, noch einige Überlegungen erforderlich machen.

1.1 Die Prozedur YDIGIT

Das Programm YDIGIT wird unter anderem von dem soeben beschriebenen Konsolidierungsverfahren YDASH angefordert. YDIGIT wird immer dann aufgerufen, wenn die Bedingungskombinationen aus einer vorliegenden Dezimalzahldarstellung zwecks einer eingehenderen Analyse in eine Ziffernfolge transformiert werden müssen.

Die formalen Parameter haben folgende Bedeutung: n ist die Anzahl der relevanten Stellen der zu zerlegenden Dezimalzahl (n nicht notwendig identisch mit der Anzahl der Bedingungen), LL ist die maximal 8-stellige Dezimalzahl (Eingabe) und DIGT ist der sich ergebende Vektor,

der die ermittelte Ziffernfolge enthält und der weiteren Verarbeitung zuführt (Ausgabe).

2 Starring

Unter Starring verstehe ich die Kennzeichnung von Implikationen innerhalb einer ET durch Anfügen von * an den
logischen Wert der implizierten Bedingung. Hierzu siehe
man bitte das nachfolgende Beispiel (Lit.IB4.1.1):

	R_1	R_2	R_3	R_4
Alter $<$ 20	Y	N*	N	Y
Alter $>$ 60	N*	Y	N	Y

          Implika- possible   logischer
          tionen   Widerspruch
                              -impossible-

R_1: Wenn jemand jünger als 20 Jahre ist, dann kann er
    nicht zugleich älter als 60 Jahre sein.
R_2: Wenn jemand älter als 60 Jahre ist, dann kann er
    unmöglich jünger als 20 Jahre sein.
R_3: Das Alter liegt zwischen 20 und 60 Jahren. Obere
    und untere Grenze nicht eingeschlossen.
R_4: Es bedeutet einen logischen Widerspruch, wenn je-
    mand gleichzeitig jünger als 20 Jahre und älter
    als 60 Jahre wäre. Hier liegt eine impossible
    Bedingungskombination vor.

Implikationen kann man ähnlich wie Elementar-Regeln,
Impossibilitäten und Else-Regeln als Implikation-ET
eingeben. Sollte allerdings bereits so etwas wie eine
stub-Sprache oder ET-INPUT-Sprache implementiert sein
(siehe hierzu die Abschnitte IIA und IIB), dann wäre
es unter Umständen möglich, daß man durch einen geeigneten Algorithmus derartige Implikationen automatisch ermittelt und durch Anfügen von Sternen (*) kennzeichnet.

Durch das Starring soll die Interpretierbarkeit der
einzelnen Regeln einer ET verbessert und der Bezug zur
umgangssprachlich definierten Entscheidungssituation
erhöht werden. Außerdem spielen die hier eingefügten
Sterne (*) eine Rolle bei der Weiterverarbeitung der
endgültigen ET mittels der flowcharttechnique (siehe
Absatz IIE5).

3 Die Ausgabe des ET-Systems

Der Generator YGENDT verwendet intern zur Darstellung

der Entscheidungsregeln die - bereits beschriebene -
(0,1,2)-Codierung. Eine Ausgabe in dieser Form wäre
denkbar, da der Code hinreichend einfach interpretierbar
ist (0=NO, 1=YES, 2=dash). Allerdings sollte man auch
den ungeübten Betrachter unterstützen und vor der eigentlichen Ausgabe die rechentechnisch günstige Darstellungsweise verlassen und zurückcodieren - (N,Y,-)-Code -.
Die externe Darstellung der Ausgabe stimmt somit mit der
Eingabe formal überein und darüberhinaus verbessert sich
durch die neue Schreibart auch die Lesbarkeit des Output,
wodurch das Arbeiten mit ETs bequemer gestaltet wird.

Die Ausgabe sollte übersichtlich und frei von redundanten Schnörkeleien sein und somit lediglich relevante
Information enthalten. Es gilt nun diese widerstreitigen
Kriterien zu vereinbaren, mit dem Ziel, daß eine komprimierte und dennoch leicht visuell erfaßbare Ausgabe
herbeigeführt wird.

Da die Anzahl n der Bedingungen und die Zahl m der Aktionen abhängig von der jeweils vorliegenden Entscheidungssituation ist, müssen die auszugebenden Tabellen weitgehend im Format dynamisch gestaltet werden. Weil darüberhinaus das maximale n=20 und das maximale m=64 sein
kann, wurde es erforderlich, das herkömmlich eingeführ-
te Tabellenformat zu verändern, und zwar dergestalt zu
verändern, daß pro Output-Zeile genau eine Regel (oder
Bedingungskombination) geschrieben wird. Dieses gestürzte Tabellenformat weicht von den bisher gebräuchlichen
Darstellungen ab, worunter augenfälligerweise die Lesbarkeit der stub-Formulierungen leidet. Jedoch wird, so
meine ich, dieses Manko durch die vereinfachte Eingabe,
durch die an die Rechentechnik angepaßte Verarbeitung
und durch die regelweise Ausgabe mehr als wettgemacht.
Durch das gestürzte Format der ETs kann man die Ausgabe
an die Schnelldrucker-Eigenheiten (zeilenweises Drucken
auf begrenzter Formularbreite mit anschließendem Vor-
schub) angleichen.

Die Prozeduren YSTUB und YDTOUT (siehe nachfolgende
Unterabsätze IIE3.1 und IIE3.2) besorgen die Ausgabe
des endgültigen ET-Systems. Die Regeln werden dabei
'unstarred' ausgedruckt, d.h. daß eventuelle Implikationen (Implikation-ET) bei dem hier vorliegenden Genera-
torkonzept nicht explizit berücksichtigt wurden.

3.1 Die Prozedur YSTUB

Die Eingabe der stub-Einträge erfolgt mittels des Input-
Programms YDTIPT (siehe Absatz IIB6). Diese Einträge
werden nun durch YSTUB zum Zwecke einer übersichtlichen

Ausgabe aufbereitet. Ausgehend von den eingegebenen
Formulierungen (CONRY, ACTRY) bildet YSTUB die Aus-
gabevektoren (COSTUB, ACSTUB), die in COMMON-Bereichen
aufbewahrt für die Ausgaberoutine YDTOUT (siehe Absatz
IIE3.2) jederzeit ansprechbar sind.

3.2 Die Prozedur YDTOUT

YDTOUT besorgt die Aufbereitung der zurückcodierten,
auszugebenden Entscheidungstabellen und führt schließlich
die Ausgabe aus. Die Steuerung der Ausgabe erfolgt durch
boole'sche Variablen je nachdem, ob Original-Tabellen
(ORGTAB) oder resultierende Tabellen (RSLTAB), Tabellen
mit oder ohne action-parts (LACT) oder gesplittete oder
nichtzergliederte Tabellen ausgeschrieben werden sollen.

Durch YDTOUT gelangt zunächst jeweils der aufbereitete
stub zur Ausgabe. Anschließend folgen fortlaufend
numeriert die einzelnen Regeln (oder Bedingungskombinationen).

4 Die endgültige ET zum Beispiel der Prämienvergütung

In diesem Abschnitt wird das Verhelst'sche Beispiel der
Prämienvergütung abschließend behandelt. Es wird nachstehend die endgültige Entscheidungstabelle angegeben.

```
OUTPUT OF FINAL DECISION TABLE


                     SSAAA N               PPPPPPP
                     EEBBB                 .......
                     NNSSS 1               SPPPPPE
                           5               ERRDDOX
                     31420 *               NEECCCC
                     ***** *               *......
                     ***** *               *     *
                     ***** *               *12123*


   RULE-NR.  1       NNYYY N               --X----
   RULE-NR.  2       NNYYY Y               --X--XX
   RULE-NR.  3       NYYYN -               -X--X--
   RULE-NR.  4       NYYY- N               -X--X--

   RULE-NR.  5       NYYYY Y               -X--X-X
   RULE-NR.  6       YYYNN N               X------
   RULE-NR.  7       YYYNN Y               X--X---
   RULE-NR.  8       YYYYN -               XX-X---

   RULE-NR.  9       YYYY- N               XX-X---
   RULE-NR. 10       YYYYY Y               XX-X--X
```

5 Grundlegendes zur flowchart-technique

Die endgültigen Entscheidungstabellen müssen nun zur
Weiterverarbeitung in ein Programm übertragen werden.
Diese Konvertierung wird im wesentlichen durch entsprechende pre-processors durchgeführt. die sich vor-
wiegend zweier Verarbeitungsmethoden bedienen:

1. flowchart-technique

2. rule-mask technique (siehe Absatz IIE6)

Pre-Processors sind Vorübersetzer die zunächst die endgültige ET in die Anweisungen einer höheren, problem-
orientierten Sprache (FORTRAN, COBOL, PL/1) übertragen,
um sie dann als Programmodul der weiteren Compilation
zu übergeben.

In Abb. IIE5.1 wird die Ausführung der flowchart-
technique an einer ET mit 3 Bedingungen und 5 Regeln
(+ Else-Regel) demonstriert (Lit.IB4.1.1).

In (Lit.IB4.1.1) werden detailierte Hinweise zur Konzipierung optimal arbeitender flowchart-technique-Ver-
fahren gegeben. Außerdem findet man dort Angaben über
weiterführende Literatur.

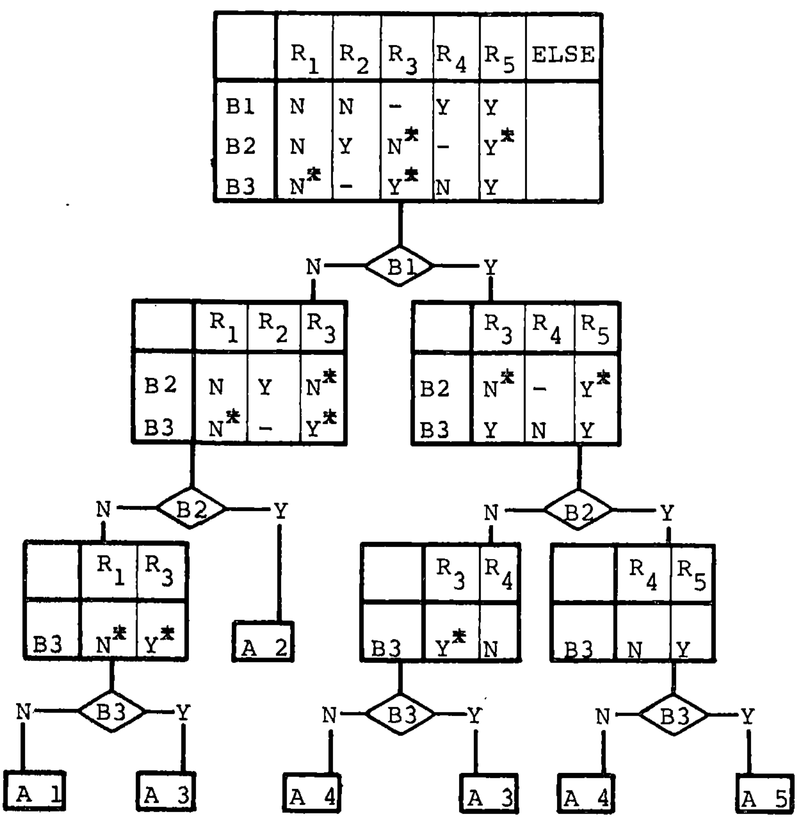

Abb.IIE5.1: Flowchart-Konvertierung

6 Einführung in die rule-mask technique

Die rule-mask technique ersetzt zunächst prinzipiell
die gesternten Eintragungen einer endgültigen ET durch
dashes. Aus der gegebenen ET wird anschließend eine
korrespondierende mask-matrix angefertigt. Das geschieht
dadurch, daß jeder dash der ET an derselben Stelle der
mask-matrix eine Null bewirkt; alle weiteren Eintragungen führen zu einer '1'. Daraufhin wird noch eine sogenannte condition-matrix generiert. Hierbei bewirkt ein
'Y' der ET eine '1' an derselben Stelle der condition-
matrix; alle übrigen Eintragungen ergeben eine Null.
Siehe hierzu das nachfolgende Beispiel:

	1	2			1	2			1	2			1	2			1	2
B1	N	Y		B1	N	Y		B1	O	1		B1	1	1		B1	O	1
B2	N*	Y		B2	–	Y		B2	2	1		B2	O	1		B2	O	1
B3	N*	Y		B3	–	Y		B3	2	1		B3	O	1		B3	O	1
B4	Y	–		B4	Y	–		B4	1	2		B4	1	O		B4	1	O
B5	Y	N		B5	Y	N		B5	1	O		B5	1	O		B5	1	O

endgülti- ge ET	Ersetzung der stars	O,1,2- Codierung	mask- matrix	condition- matrix

Danach wird der aufgetretene Eingangsvektor codiert;
ein 'Y' führt zu einer '1', ein 'N' bewirkt eine 'O'.

Eingangsvektor:

B1	Y		B1	1
B2	Y		B2	1
B3	Y		B3	1
B4	N		B4	O
B5	Y		B5	1

Dieser derart codierte (O,1,2-Codierung) Eingangsvektor
wird zunächst mit der ersten Spalte der mask-matrix ele-
mentweise multipliziert und das 'Produkt' wird element-
weise mit der ersten Spalte der condition-matrix verglichen. Ergibt sich eine Übereinstimmung aus diesem
Vergleich, dann erfüllt die Regel 1 den Eingangsvektor.
Läßt sich jedoch keine Übereinstimmung feststellen,
dann wird der Eingangsvektor mit der zweiten Spalte der
mask-matrix multipliziert und anschließend mit der
ebenfalls zweiten Spalte der condition-matrix verglichen.
Und so weiter.

Abschließend möchte ich die beiden Konvertierungsverfah-

ren und deren verschiedene Derivate miteinander ver-
gleichen. Als Kriterium gilt die Abfrage-Zeit der
einzelnen Algorithmen. Zu diesem Vergleich beziehe
ich mich auf eine Tabelle aus (Lit.IB4.1.1).

Algorithmus	Beispiel 1	Beispiel 2
Optimum approaching flowchart	83 %	48 %
Optimum finding flowchart	82 %	46 %
Uninterrupted rule mask method	100 %	100 %
Rule mask strategy A	97 %	66 %
Rule mask strategy B	97 %	67 %
Rule mask strategy C	98 %	77 %
Rule mask strategy D	90 %	65 %
Rule mask optimum	89 %	65 %

Die flowchart-technique erzielt (auf erklärliche Weise)
in der Regel in Bezug auf die Rechenzeit-Optimierung
günstigere Ergebnisse als die rule-mask technique, jedoch läßt sich letztere einfacher programmieren als die
flowchart-Methode.

Für beide Kovertierungsverfahren sind in (Lit.IB4.1.1)
diverse Optimierungen angegeben worden, die die Rechenzeit minimieren. Das Kriterium der Speicherraum-Mini-
mierung hat Verhelst zurückgestellt. Hier sind, so
scheint mir, falsche Prioritäten gesetzt worden. Die
meisten Jobs, die mit einer Timesharing-Anlage verarbeitet werden, sind E/A-intensiv und deswegen erscheint
es mir sinnvoll, wenn man zur besseren, gleichbleiben-
deren Auslastung der jeweiligen Betriebsmittel rechen-
intensive Programme nicht diskriminiert und das Joban-
gebot mischt. Da moderne EDV-Anlagen überwiegend mit
virtuellen Speichern arbeiten und sich des Pagings
bedienen, ist es selbstredend angebracht, zu speicher-
platzaufwendig Programme zu vermeiden. Die soeben dar-
gelegten Aspekte würden einer Speicherraum-Optimierung
vor einer Rechenzeit-Minimierung den Vorrang geben.

Die ausführliche Beschreibung der in dem obigen Vergleich aufgelisteten Algorithmen entnehme man (Lit.IB4.
1.1). Verhelst gibt auch in seiner Arbeit ausführ-
lichst Literaturhinweise, die sich auf die vertiefte
Diskussion der Konvertierungsverfahren bezieht. Die
vorangegangene knappe Einführung der beiden wesentlichen Konvertierungsverfahren ist dazu angetan, den in
der vorliegenden Arbeit behandelten Problemkreis ein
wenig abzurunden.

III Sonderformen der ET-Technik

A Eingabe mit erweiterten Eintragungen

1 Die Eingabe der Entscheidungssituation mit erweiterten Eintragungen

Bisher wurde angenommen, daß die Eingabe der Elementar-
-Regeln, Impossibilitäten und Else-Regeln in Form von
Tabellen mit eingeschränkten Eintragungen erfolgt. Liegen allerdings Tabellen mit erweiterten oder gemischten
Eintragungen als Input vor, dann sind die Vorgehensweisen, die in den Abschnitten IIA und IIB im Zusammenhang
mit der stub-Erstellung und der Eingabe der Entscheidungssituation beschrieben wurden, entsprechend abzu-
ändern.

Erweitere Eintragungen ergeben sich dann, wenn die Einträge der stubs nur unvollständig spezifiziert sind,
d.h. die Formulierungen des condition-stub stellen keine
logisch bewertbaren Aussagen dar und/oder die Einträge
des action-stub ergeben keine ausführbaren Aktionen.
Die Bedingungen und Aktionen benötigen in diesem Fall
zu ihrer vollständigen Formulierung die (erweiterten)
Regeleintragungen. Die Verwendung von derart verkürzten
stubs (oder erweiterten Eintragungen) führt zu einer
sehr komprimierten Darstellungsform der Entscheidungssituation, die jedoch einer leichten Algorithmisierbar-
keit entgegensteht.

Eine Bedingung oder eine Aktion besitzt entweder korrespondierende erweiterte Eintragungen oder (exclusives
oder) nicht, da eine stub-Formulierung nur entweder
vollständig oder unvollständig sein kann. Besitzt die
ET mit den erweiterten Eintragungen NUM Regeln und liegen dabei next verkürzt formulierte Bedingungseinträge
und mext unvollständige Aktionen vor, dann ergibt sich
bei einer Beseitigung der erweiterten Einträge durch
eine Umformulierung der stubs die Anzahl nlim der Bedingungen und die Anzahl mlim der Aktionen zu:

nlim = n + next.NUM - next

mlim = m + mext.NUM - mext

wobei n die bisherige Anzahl der Bedingungen und m die
bisherige Anzahl der Aktionen darstellt. Wie man erkennen kann, blähen sich die beiden stubs durch die Umformulierung der Eintragungen ganz erheblich auf, was
sehr rasch zu großen Tabellen führt, da nlim exponentiell
in die Gesamtzahl (2^{nlim}) der möglichen Bedingungskombinationen eingeht. Um die Auswirkungen einer derartigen

Tabellenvergrößerung ein wenig aufzufangen, möchte ich folgende Verfahrensweise vorschlagen:

Das Beispiel IIIA1.1 mag mein Ansinnen verdeutlichen.

Beispiel IIIA1.1 :

Bisherige Elementar-ET mit gemischten Eintragungen:

	1	2	3	4
B1	N	N	Y	Y
B2 = ...	1	2	3	4
B3	N	Y	N	Y

Daraus ergibt sich die neue, umformulierte Elementar-ET mit eingeschränkten Eintragungen:

	1	2	3	4
B1	N	N	Y	Y
B21	Y	N	N	N
B22	N	Y	N	N
B23	N	N	Y	N
B24	N	N	N	Y
B3	N	Y	N	Y

mit:

B21:	B2 = 1
B22:	B2 = 2
B23:	B2 = 3
B24:	B2 = 4

Eine zusätzliche Imposs-ET wird generiert:

	1	2	3	4
B1	N	N	Y	Y
B21	N	–	–	–
B22	–	N	–	–
B23	–	–	N	–
B24	–	–	–	N
B3	N	Y	N	Y

Die zusätzlich generierte Imposs-ET ist direkt aus der
neuen, umformulierten Elementar-ET hervorgegangen und
bewirkt die Ausklammerung von zahlreichen Bedingungskombinationen und schränkt somit den Verarbeitungsaufwand von vornherein ein, was im Hinblick auf die in Absatz IIC4 konzipierte, indirekte Methode im Großen
einen offensichtlichen Vorteil darstellt.

2 Die Verwendung von mehrdimensionalen ETs

Obwohl sich die vorliegende Arbeit ausschließlich mit der
interaktiven Konstruktion von eindimensionalen Entscheidungstabellen befaßt, möchte ich doch die Verallgemeine-
rung, die mehrdimensionale ET, wenigstens erwähnt wissen.
Als mehrdimensionale ETs im weiteren Sinne lassen sich
z.B. Multiplikationstabellen (meist zweidimensional),
Entfernungstabellen (zweidimensional), Übertragungsta-
bellen (zweidimensional - siehe hierzu das Beispiel in
Absatz IIB4 -) etc. verstehen. Gemeinsames Kennzeichen
solcher allgemein n-dimensionalen ETs ist die Verknüpfung von n condition-stubs, die dann eine definierte
Aktion auslöst (z.B. die Produktbildung von n Faktoren).
Die Verknüpfung von n solchen stub-Einträgen führt zur
vollständigen Formulierung einer einzigen Bedingung;
das Erfülltsein oder Nicht-Erfülltsein dieser Bedingung bestimmt dann, ob die dazugehörige Aktionenkette
zur Ausführung gelangt. Es handelt sich hierbei wohl-
bemerkt nicht um Kombinationen von Bedingungen, die die
korrespondierenden action-parts steuern, sondern um
einzelne Bedingungen; das ist ein Unterschied zu den
herkömmlichen, eindimensionalen Entscheidungstabellen.
Die mehrdimensionalen ETs in dem Sinne, wie ich sie hier
einführe, haben gewissermaßen einen symmetrischen
condition-entry; inwieweit eine Erweiterung der Betrachtung auf allgemeinere Formen des condition-entry sinnvoll (oder möglich) ist, wäre noch zu überlegen.

Die Formulierung der Bedingungen im condition-stub einer
eindimensionalen ET mit erweiterten Eintragungen ist
unvollständig und ergibt erst zusammen mit der erweiterten Regeleintragung eine logisch bewertbare Aussage.
Normalerweise handelt es sich in solchen Fällen um eine
Variable, die zu einer zweiten Variablen (oder zu einer
Konstanten) in einer bestimmten Relation steht. Ähnlich
verhält es sich, wenn man die Formulierungen der condition-stubs einer mehrdimensionalen ET betrachtet.
Auch hierbei ergeben die Eintragungen in einem condition-stub noch keine bewertbare Bedingung; erst wenn
n stub-Eintragungen (jeweils eine stub-Eintragung von
jedem der insgesamt n condition-stubs) untereinander
durch bestimmte Operationen (OPi) verknüpft sind, kann
entschieden werden, ob die derart entstandene Bedingung

wahr oder falsch ist, d.h. ob die für das Zutreffen
dieser Bedingung vorgesehene Aktionenkette zur Ausführung gelangt oder nicht.

Allgemein gilt:

stub(1) OP1...OP(n-1) stub(n) ⟶ action

stub(n) ist speziell ein einzelner stub-Eintrag des
n-ten condition-stub. OP(n-1) ist irgendeine Verknüpfung zwischen derartigen stub-Einträgen.

Als Beispiel soll die Übertragungsmatrix in Absatz IIB4
dienen. Hier sind die beiden condition-stubs der (zwei-
dimensionalen) ET gleich. Die einzelnen stub-Einträge
(stub(1) = Symbol A, stub(2) = Symbol B) der beiden
condition-stubs werden durch die Operation (OP1) 'Symbol
B folgt auf Symbol A in den Symbolkeller' verknüpft.
Die auszuführenden Aktionen werden in der Übertragungsmatrix durch die Zahlen versinnbildlicht. Die nachge-
gliederte Erklärung der detailierten Bedeutung der einzelnen Zahlen stellt den eigentlichen action-stub dar.

Bei mehrdimensionalen ETs mit mehr als zwei stubs kann
nicht mehr eine solche Matrix-Darstellung verwendet werden, sondern man muß neue Formen der Wiedergabe und
Dokumentation entwerfen.

Es braucht wohl nicht ausführlicher erwähnt zu werden,
daß jede mehrdimensionale ET in eine eindimensionale
ET mit eingeschränkten Eintragungen umformuliert werden
kann. Die Darstellung von komplexen Entscheidungssituationen gewinnt an Transparenz, wenn man von ETs mit
eingeschränkten Eintragungen absieht und als Dokumentationsform mehrdimensionale ETs verwendet. Besonders
effizient wird die ohnehin schon recht komprimierte
Form der mehrdimensionalen ETs, wenn mehrere (oder alle)
stubs identisch sind (siehe das Beispiel der Übertragungsmatrix in Absatz IIB4). Es ist zu prüfen, ob diese
komprimierte Dokumentationsform einen günstigen Einfluß
auf die Erstellungs- und Verarbeitungsalgorithmen zur
interaktiven Behandlung von Entscheidungsproblemen
besitzt.

B Betrachtung möglicher Fehlerquellen

1 Mögliche Fehler, deren Erkennung und Behebung

Als Fehler im allgemeinen Sinne sehe ich alles an, was
die Beschreibung und die Verarbeitung kompliziert (Redundanzen) und/oder verfälscht.

Als mögliche Fehlerquellen kommen in Betracht:

1. Fehler in der beschreibenden Logik
   - logische Fehler

2. Fehler, die bei der Eingabe entstehen
   und Übertragungsfehler

3. Verarbeitungsfehler aller Art

4. Fehlinterpretationen der Resultate

Im folgenden will ich auf die einzelnen Fehler eingehen.

Bezieht man sich auf eindeutige ETs, dann liegen logische Fehler vor, wenn redundante oder widersprüchliche
Regeln formuliert werden. Diese Fehlerart wird eingehend
in Absatz IIB5 behandelt. Soviel zu den Fehlern, die
aufgrund ihrer formalen Darstellung durch geeignete
Tests (Redundanz- und Widerspruchstest) aufgespürt
werden können.

Fehler, die nicht so ohneweiteres aus dem Formalismus
der vorliegenden Darstellung erkannt werden können, sind
z.B. Verfälschungen der Entscheidungssituation, die
daraus hervorgehen, daß die Formulierung relevanter Regeln versäumt wurde (Behebung: Vollständigkeitstest
- siehe Absatz IIC3), daß zu viele Impossibilitäten
gegeben werden oder daß vollkommen irrelevante, ab-
surde und paradoxe Elementar-Regeln formuliert worden
sind. Um Derartiges zu vermeiden, sollte man nur wirk-
lich solche Bedingungskombinationen als Impossibilitäten
deklarieren, von denen man hinreichend überzeugt ist,
daß diese Kombinationen tatsächlich unmöglich (impossible) sind. Weiterhin müßte es selbstverständlich sein,
daß man ausschließlich problembezogene und problemer-
fassende Elementar-Regeln formuliert. Diese beiden
letzten Punkte, die zur Vermeidung von logischen Fehlern zu beachten sind, subsummieren sich in der Forderung nach einer sorgfältig durchgeführten Systemanalyse. Betrachtet man nun noch die stubs, dann muß man
zur Sicherung einer konsistenten Beschreibung und Verarbeitung von Entscheidungssituationen berücksichtigen,
daß der condition-stub vollständig und in sich redun-
danz- und widerspruchsfrei ist und daß der action-stub

alle auszuführenden, relevanten Aktionen in korrekter
Reihenfolge enthält. Zur systematischen Überprüfung
dieser eben ausgesprochenen Forderungen können entsprechende Tests im Zusammenwirken mit einer geeigneten
stub-Sprache dienen (siehe auch Absatz IIA2).

Das vorliegende System zur Erstellung und Verarbeitung
von Entscheidungstabellen hat digitalen Charakter, d.h.,
daß bei einer fehlerhaften Eingabe und/oder Übertragung
die Richtigkeit der gesamten Entscheidungssituation in
Frage gestellt ist. Aus diesem Umstand ist besonders auf
eine korrekte Eingabe und Übertragung zu achten. Durch
die automatische Eingabe der Elementar-Regeln und Impossibilitäten mit der ET-INPUT-Sprache (siehe Absatz
IIB4) könnte einigermaßen gesichert werden, daß jede Bedingung und Aktion mit dem richtigen logischen Wert belegt wird. Zur weiteren Ausschließung von Eingabe- und
Übertragungsfehlern könnte man Prüfbedingungen und Prüf-
aktionen analog zu den Prüfbits in der Schaltwerktheorie einführen. Darüberhinaus kann durch geeignete Codes
(Hamming-code) weitgehend eine Selbstkorrektur der ver-
fälschten condition- und action-parts erreicht werden.

Verfälschungen, die aus einer fehlerhaften Verarbeitung
resultieren, können nur durch sorgfältiges Überprüfen
der betreffenden Programme verhindert werden. Dazu sind
geeignete Testbeispiele zu entwerfen, die durch ihre Anwendung auf die zu überprüfenden Programme eine eindeutige Aussage über die ordentliche Funktionsweise
derselben liefern.

Nachdem die Entscheidungssituation durch die EDV-Anlage
verarbeitet worden ist, muß das Resultat auf den kon-
kreten Anwendungsfall projiziert werden. Fehler und In-
konsequenzen, die bei dieser Konkretisierung durch
Fehlinterpretationen der Resultate auftreten, liegen
außerhalb von jeder überwachenden Systematik; sie können
nur durch entsprechende Bedachtsamkeit und Sorgfalt in
Grenzen gehalten werden.

Die ET-Technik kann sich nur dann behaupten, wenn durch
diese 100%-ig richige Resultate geliefert werden. Ent-
scheidungsprobleme verlangen eine absolute Entschei-
dungssicherheit. Fehlentscheidungen können katastrophale
Folgen nach sich ziehen. Aus diesem Grund ist es unerläßlich, solche Fehlerbetrachtungen anzustellen und bei
der Konzipierung von Verfahren zur automatischen Erstellung und Verarbeitung von Entscheidungssituationen alle
möglichen Fehlerquellen von vornherein auszuschließen.

2 Mehrdeutige Entscheidungstabellen

Im vorliegenden Abschnitt beziehe ich mich auf Vor-
tragsunterlagen von Herrn G. Dathe über mehrdeutige
Entscheidungstabellen (Lit.IIIB2.1).

Folgendes eindrucksvolles Beispiel soll zunächst
wiedergegeben werden (Lit.IIIB2.1):

Zahlungsanweisung	1	2	3	4	5	6	7	8
Bestell-Nr. fehlt	N	N	N	N	Y	Y	Y	Y
Skonto eingeräumt	N	N	Y	Y	N	N	Y	Y
Sperrvermerk	N	Y	N	Y	N	Y	N	Y
Vorgang holen	–	–	–	–	X	X	X	X
Skonto abziehen	–	–	X	X	–	–	X	X
Betrag anweisen	X	–	X	–	X	–	X	–
Weitergabe an Rechts-abteilung	–	X	–	X	–	X	–	X

Nun soll diese eindeutig formulierte ET in eine mehrdeutige ET umgeschrieben werden. Dabei hat sich die dargestellte Entscheidungssituation nicht geändert.

Zahlungsanweisung	ALL			
	1	2	3	4
Bestell-Nr. fehlt	Y	–	–	–
Skonto eingeräumt	–	Y	–	–
Sperrvermerk	–	–	N	Y
Vorgang holen	X	–	–	–
Skonto abziehen	–	X	–	–
Betrag anweisen	–	–	X	–
Weitergabe an Rechts-abteilung	–	–	–	X

Die obige mehrdeutige ET hat den unverkennbaren Vorzug
der besseren Überschaubarkeit und des geringeren Er-
stellungsaufwandes gegenüber der eindeutigen ET. Ein
weiterer Vorteil macht sich bemerkbar, wenn die Entscheidungssituation sich um eine Bedingung ('Betrag über
10.000,-- DM') und um eine Aktion ('Meldung an Kasse')
erweitert. Das erfordert bei der Verwendung der eindeutigen ET die doppelte Anzahl der bisherigen Regeln
(also noch einmal 8 Regeln),·bei der Darstellung der
Entscheidungssituation durch eine mehrdeutige ET dagegen
benötigt man genau eine zusätzliche Regel.

Das Kennzeichen der mehrdeutigen ETs ist ihre Eigen-
schaft, daß zwischen ihren einzelnen Regeln die starre
EXOR-Verknüpfung, wie sie bei eindeutigen ETs gegeben
ist, entfällt. Dadurch kann ein auftretender Eingangsvektor (Fall) mehrere Regeln ansprechen und somit können
mehrere Aktionenketten zur Ausführung gelangen. Um diesen Effekt steuern zu vermögen, wird eine geeignete
Parametrisierung eingeführt:

FIRST   bedeutet, daß die Aktionen des ersten erfüllten
         condition-part zur Ausführung gelangen
LAST   bedeutet, daß die Aktionen des letzten erfüllten
         condition-part zur Ausführung gelangen
ALL   bedeutet, daß die Aktionen aller erfüllter
         condition-parts zur Ausführung gelangen.

Weitere entsprechende Parameter lassen sich noch definieren: SECOND, THIRD etc.. Im obigen Beispiel 'Zahlungsanweisung' einer mehrdeutigen ET bewirkt der Eingangsvektor (Y,Y,N), daß der Vorgang holen aufgerufen,
daß der Skonto abgezogen und daß der Betrag angewiesen
wird.

Im Programmieraufwand ergibt sich immer dann ein beacht-
licher Unterschied, wenn die Ausführung der Aktionenketten nicht von Bedingungskombinationen, sondern von einzelnen Bedingungen abhängt. Man spricht hierbei auch
von einer Entkopplung der einzelnen Bedingungen.

Eine korrekt erstellte, mehrdeutige ET bietet keine
Konsolidierungsmöglichkeit.

In bezug auf mehrdeutige Entscheidungstabellen verlieren die Begriffe 'Redundanz' und 'Widerspruch' ihre
in Absatz IIB5 gegebene Bedeutung, außerdem ist es auch
so ohneweiteres nicht möglich, durch einen verhältnismäßig einfachen Test (Vollständigkeitstest - siehe Absatz IIC3 -) die funktionelle Vollständigkeit der dargestellten Entscheidungsituation zu gewährleisten. Auch
sind indirekte Konstruktionsverfahren zur ET-Erstellung
in dem im vorliegenden Buch beschriebenen Sinne nicht
mehr anwendbar. Das ist ein offensichtlicher Nachteil

der mehrdeutigen ETs gegenüber den eindeutigen ETs.

Abschließend möchte ich noch einmal auf das Programm
YDASH (Absatz IIE1) verweisen. Dieses Programm bewirkt die Konsolidierung von Regeln derart, daß formale
Mehrdeutigkeiten entstehen. Unter solchen formalen
Mehrdeutigkeiten - wie ich die Erscheinung einmal bezeichnen will - verstehe ich die Eigenheit einer ET, bei
welcher durch einen vorgegebenen Eingangsvektor zwar
mehrere condition-parts angesprochen werden, bei der
jedoch nur eine einzige Aktionenkette zur Ausführung gelangt, da die in Frage kommenden condition-parts jeweils
den gleichen action-part besitzen. Eine formal mehrdeutige ET beinhaltet somit Redundanzen im herkömmlichen
Sinne.

Die mehrdeutige ET 'Zahlungsanweisung' ist funktionell
mehrdeutig, da hierbei jeder condition-part eine andere
Aktionenkette auslösen kann. Eine funktionelle Mehrdeutigkeit in diesem Sinne schließt eine reale, konkrete,
auf die Entscheidungssituation bezogene Eindeutigkeit
keineswegs aus, wie durch das Beispiel 'Zahlungsanweisung' demonstriert wird. Am Rande sei hier noch erwähnt, daß durch das Programm YDASH keine funktionelle
Mehrdeutigkeit erzeugt werden kann, sofern die zu konsolidierenden ETs nicht bereits vorher funktionell
mehrdeutig formuliert waren.

Solange Eindeutigkeit und/oder formale Mehrdeutigkeit
herrscht, ist eine Parametrisierung - wie bereits weiter
oben eingeführt - irrelevant. Erst wenn funktionelle
Mehrdeutigkeit vorliegt, wird der Gebrauch von ausführ-
rungsregelnden Parametern erforderlich.

Mehrdeutige Entscheidungstabellen implizieren nicht die
strenge Systematik, wie das bei eindeutigen ETs der Fall
ist. Mehrdeutige ETs können sehr leicht und bequem auf
direktem Wege erstellt werden, da die Konstruktion mehr-
deutiger ETs dem natürlichen Denkvorgang entgegenkommt,
weil hierbei der komplizierende Zwang zur Formulierung
eindeutiger Regeln nicht gegeben ist. Die Erstellung von
Entscheidungstabellen nach der direkten Methode (Absatz IB4.1) ist bekanntlich aber nur dann möglich,
solange die Entscheidungssituation hinreichend überschau-
bar ist. Die algorithmische (interaktive) Erstellung von
mehrdeutigen ETs stößt naturgemäß auf Schwierigkeiten,
da der Mangel an Systematik dem entgegensteht. Nichtsdestoweniger sind mehrdeutige ETs wegen ihrer komprimierten, überschaubaren Form in gewissen Anwendungsfällen (entkoppelt) den eindeutigen Entscheidungstabellen
vorzuziehen.

Schluß

Wie man aus dem der vorliegenden Arbeit nachgegliederten,
spärlichen Literaturverzeichnis ersehen kann, befindet
sich die ET-Technik noch im Anfangsstadium. Diese Feststellung hat umso mehr Gültigkeit, je ausschließlicher
man sich mit der (interaktiven) Erstellung von Entscheidungstabellen befaßt. Bis auf die Arbeit von Verhelst
(Lit.IB4.1.1) stand mir kein einschlägiger Titel zur
Verfügung und auch Verhelst behandelt die systematische
Konstruktion von Entscheidungstabellen nur oberfläch-
lich, obschon man in seiner Arbeit ein brauchbares und
sicherlich ausbaufähiges Konzept zur Systematik der ET-
Erstellung findet. Diese indirekte Methode zur Konstruktion von Entscheidungstabellen war die Grundlage meiner
Arbeit.

Vertiefende Gedanken zur indirekten Methode verbunden mit
einer Vereinheitlichung der Terminologie haben zu dem
Erstellungsentwurf geführt, der in der vorliegenden Arbeit wiedergegeben ist. Die dort angestellten Betrachtungen sind als befruchtender Beitrag zur allgemeinen
Diskussion über die ET-Technik gedacht. Die Implementierungen sind als einstweilige Arbeitshilfen zu verstehen und sollten nach kritischer Überprüfung derselben
komfortabler ausgebaut und optimiert werden.

Abschließend möchte ich noch bemerken, daß ich von der
Praktikabilität der Entscheidungstabellen überzeugt bin
und daß sich der Verwendungsbereich von ETs in dem Maße
erweitert, in dem die ET-Technik ausgebaut und verfeinert
wird. Hierzu ist die Konzipierung überzeugender Verfahren
zur interaktiven Konstruktion von Entscheidungstabellen
unerläßlich und schrittmachend.

Anhangliste

Im nachfolgenden Anhang sind die einzelnen FORTRAN-IV-
-Programmteile des ET-Generators YGENDT wiedergegeben.
Obwohl die Programme an diversen Beispielen mit Erfolg
eingesetzt worden sind, kann der Verfasser verständ-
licherweise nicht die volle Gewähr für die absolute Richtigkeit der einzelnen Routinen bieten. Der hier angegebene Generator ist lediglich als eine in einer formalen
Programmiersprache abgefaßte Arbeitshypothese zu be-
trachten. Optimierungsaufgaben und damit die Anpassung
an vorhandene DVA-Konfigurationen (sinnvollere INPUT-
und OUTPUT-Organisation) sind Beispiele dafür, daß der
potentielle Anwender den hier vorgestellten Generator
erneut überdenken muß, bevor er ihn zum effizienten Einsatz bringen kann. Eine unmittelbare und unkritische
Übernahme der hier aufgeführten Programme ist demzufolge
in keiner Weise anzuraten.

```fortran
      PROGRAM YGENDT
C
C     DECISION TABLE GENERATOR -- SUPERVISOR
C
      COMMON N, M, IMP, LRUL, IELS, NSMAX, M8, IELR, NUM
      COMMON CONRY (20,8), ACTRY (64,8)
      COMMON COSTUB (5,4,8), ACSTUB (8,8,8)
      COMMON ERCOND(20,128), ERACT(8,128), IMPOSS(20,128), ELSE(20,128)
      COMMON CONDIT (3,256), ACTION (8,256), SUBELS (256)
      COMMON FINIT,SPLIT,CONSIS,ELDASH,REDUND
      REAL CONRY, ACTRY, COSTUB, ACSTUB
      INTEGER ERACT, ACTION, CONDIT, SUBELS
      INTEGER*2 ERCOND, IMPOSS, ELSE
      LOGICAL FINIT,SPLIT,CONSIS,ELDASH,REDUND
C     COMMON N, M, IMP, LRUL, IELS, NSMAX, M8, IELR, NUM
C     COMMON CONRY (20,8), ACTRY (64,8)
C     COMMON COSTUB (5,4,8), ACSTUB (8,8,8)
C     COMMON ERCOND(20,128), ERACT(8,128), IMPOSS(20,128), ELSE(20,128)
C     COMMON CONDIT (3,256), ACTION (8,256), SUBELS (256)
C     COMMON FINIT,SPLIT,CONSIS,ELDASH,REDUND
C     REAL CONRY, ACTRY, COSTUB, ACSTUB
C     INTEGER ERACT, ACTION, CONDIT, SUBELS
C     INTEGER*2 ERCOND, IMPOSS, ELSE
C     LOGICAL FINIT,SPLIT,CONSIS,ELDASH,REDUND
C
C     DECISION TABLE GENERATOR -- SUPERVISOR/ VERSION 1
C     DARMSTADT/FRANKFURT/KOELN -- SEPTEMBER 1972 -- W.VIEWEG
C
      CALL YDTGEN
      STOP
      END
```

```
      SUBROUTINE YDTGEN
      COMMON N, M, IMP, LRUL, IELS, NSMAX, M8, IELR, NUM
      COMMON CONRY (20,8), ACTRY (64,8)
      COMMON COSTUB (5,4,8), ACSTUB (8,8,8)
      COMMON ERCOND(20,128), ERACT(8,128), IMPOSS(20,128), ELSE(20,128)
      COMMON CONDIT (3,256), ACTION (8,256), SUBELS (256)
      COMMON FINIT,SPLIT,CONSIS,ELDASH,REDUND
      REAL CONRY, ACTRY, COSTUB, ACSTUB
      INTEGER ERACT, ACTION, CONDIT, SUBELS
      INTEGER*2 ERCOND, IMPOSS, ELSE
      LOGICAL FINIT,SPLIT,CONSIS,ELDASH,REDUND
C     COMMON N, M, IMP, LRUL, IELS, NSMAX, M8, IELR, NUM
C     COMMON CONRY (20,8), ACTRY (64,8)
C     COMMON COSTUB (5,4,8), ACSTUB (8,8,8)
C     COMMON ERCOND(20,128), ERACT(8,128), IMPOSS(20,128), ELSE(20,128)
C     COMMON CONDIT (3,256), ACTION (8,256), SUBELS (256)
C     COMMON FINIT,SPLIT,CONSIS,ELDASH,REDUND
C     REAL CONRY, ACTRY, COSTUB, ACSTUB
C     INTEGER ERACT, ACTION, CONDIT, SUBELS
C     INTEGER*2 ERCOND, IMPOSS, ELSE
C     LOGICAL FINIT,SPLIT,CONSIS,ELDASH,REDUND
      REAL SIGN1/'    '/,SIGN2/'Y   '/,SIGN3/'N   '/,SIGN4/'-   '/,
     X SIGN5/'X   '/
      LOGICAL TABCHK
      FINIT = .FALSE.
      TABCHK = .FALSE.
      CALL YDTIPT
      IF (FINIT) GOTO 100
      CALL YDTREC (SIGN1,SIGN2,SIGN3,SIGN4,SIGN5,TABCHK)
      IF (FINIT) GOTO 100
      CALL YDTPRC (SIGN1,SIGN2,SIGN3,SIGN4,SIGN5)
100   RETURN
      END
```

```
      SJBROUTINE YDTIPT                                              00000
      COMMON V, M, IMP, LRUL, IELS, NSMAX, M8, IELR, NUM            00010
      COMMON CONRY (20,8), ACTRY (64,8)                            00020
      COMMON COSTUB (5,4,8), ACSTUB (8,8,8)                        00030
      COMMON ERCOND(20,128), ERACT(8,128), IMPO(20,128), ELSE(20,128)  00040
      COMMON CONDIT (3,256), ACTION (8,256), SUBELS (256)          00050
      COMMON FINIT,SPLIT,CONSIS,ELDASH,REDUND                      00000060
      REAL CONRY, ACTRY, COSTUB, ACSTUB                            00070
      INTEGER ERACT, ACTION, CONDIT, SUBELS                        00080
      INTEGER*2 ERCOND, IMPO, ELSE                                 00090
      LOGICAL FINIT,SPLIT,CONSIS,ELDASH,REDUND                     00000100
C     COMMON V, M, IMP, LRUL, IELS, NSMAX, M8, IELR, NUM           00110
C     COMMON CONRY (20,8), ACTRY (64,8)                            00120
C     COMMON COSTUB (5,4,8), ACSTUB (8,8,8)                        00130
C     COMMON ERCOND(20,128), ERACT(8,128), IMPO(20,128), ELSE(20,128)  00140
C     COMMON CONDIT (3,256), ACTION (8,256), SUBELS (256)          00150
C     COMMON FINIT,SPLIT,CONSIS,ELDASH,REDUND                      00000160
C     REAL CONRY, ACTRY, COSTUB, ACSTUB                            00170
C     INTEGER ERACT, ACTION, CONDIT, SUBELS                        00180
C     INTEGER*2 ERCOND, IMPO, ELSE                                 00190
C     LOGICAL FINIT,SPLIT,CONSIS,ELDASH,REDUND                     00000200
      REAL YES/'Y   '/,NO/'N   '/,YSTAR/'Y* '/,NSTAR/'N* '/,       00210
     X DASH1/'-   '/,DASH2/'NY  '/,DASH3/'    '/,DASH4/'YN  '/,     00220
     X X/'X   '/,NOAC1/'    '/,NOAC2/'-   '/,                      00230
     X KREUZ/'+   '/,CONTIN/'C   '/,KOMMA/',   '/,                 00240
     X CONUST/'CO '/,ACTSTB/'AC '/,IMPOSS/'IM '/,ELEMRL/'EL '/,    00250
     X BEGIN/'BE '/,FINISH/'FI '/,LSECAS/'LS '/,PROBLM/'PR '/      00260
      REAL INCRD (32), KOM (7)                                     00270
      REAL AUXIL (8,8)                                             00280
      INTEGER*2 DIGIT (5), DIG (64)                                00290
      LOGICAL CONTRL,ORGTAB,RSLTAB,LACT,DIFF,BREAK                 00000300
      SPLIT = .FALSE.                                              00000310
      CONSIS = .TRUE.                                             00320
      ELDASH = .FALSE.                                            00330
```

```
      REOJND = .FALSE.                              00000340
      N = 0                                           00350
      M = 0                                           00360
      IMP = 0                                         00370
      LRUL = 0                                        00380
      IELS = 0                                        00390
      ISGNF = 0                                       00400
      ISGF2 = 0                                       00410
      N8 = 0                                          00420
      M8 = 0                                          00430
1111  CONTINUE                                        00440
      READ (5,100) (INCRD(I), I=1,2)                  00450
100   FORMAT (1H ,2A2)                                00460
      IF (INCRD(1).NE.KREUZ) GOTO 1                   00470
1112  CONTINUE                                        00480
      IF (INCRD(2).NE.BEGIN) GOTO 2                   00490
      ISGF2 = ISGNF                                   00500
      ICHECK = 0                                      00510
      ISGNF = 6                                       00520
      WRITE (6,101)                                   00530
101   FORMAT (30H BEGIN OF DECISION TABLE INPUT,/)    00540
7777  FORMAT (1H ,/)                                  00550
      GOTO 1                                          00560
2     CONTINUE                                        00570
C                                                     00580
      IF (INCRD(2).NE.CONDST) GOTO 3                  00590
      ISGF2 = ISGNF                                   00600
      ICHECK = 0                                      00610
      ISGNF = 1                                       00620
      WRITE (6,102)                                   00630
102   FORMAT (45H FOLLOWING STUB-ENTRY IS CONDITION-STUB-ENTRY,/)  00640
      GOTO 1                                          00650
3     CONTINUE                                        00660
C                                                     00670
```

```
      IF (INCRD(2).NE.ACTSTB) GOTO 4                                  00680
      ISGF2 = ISGNF                                                   00690
      ICHECK = 0                                                      00700
      ISGNF = 2                                                       00710
      WRITE (6,103)                                                   00720
  103 FORMAT (42H NEXT STUB-ENTRIES ARE ACTION-STUB-ENTRIES,/)        00730
      GOTO 1                                                          00740
    4 CONTINUE                                                        00750
C                                                                     00760
      IF (INCRD(2).NE.IMPOSS) GOTO 5                                  00770
      ISGF2 = ISGNF                                                   00780
      ICHECK = 0                                                      00790
      ISGNF = 3                                                       00800
      WRITE (6,7777)                                                  00810
      WRITE (6,104)                                                   00820
  104 FORMAT (54H BEGINNING OF IMPOSS-TABLE - READ THE IMPOSSIBILITIES1,  00830
     X/)                                                              00840
      GOTO 1                                                          00850
    5 CONTINUE                                                        00860
      IF (ISGNF.NF.3.OR.ISGF2.NE.2) GOTO 27                           00870
C     OUTPUT OF IMPOSSIBILITIES                                       00880
      WRITE (6,117)                                                   00890
  117 FORMAT (1H ,//)                                                 00900
      WRITE (6,116)                                                   00910
  116 FORMAT (26H OUTPUT OF IMPOSSIBILITIES)                          00920
      IF (IMP.EQ.0) GOTO 27                                           00930
C     DO 6321 I = 1, IMP                                          00000940
C     WRITE (6,6320) I, (IMPB(IK,I),IK=1,N)                      00000950
 6321 CONTINUE                                                   00000960
 6320 FORMAT (9H IMP1-NR.,I3,4X,20I1)                            00000970
      CALL YSTUB                                                 00000990
      ISN = 0                                                    00001000
      DO 5730 I = 1,IMP                                          00001010
      IN = 1                                                     00001020
```

```
      DO 6740 J = 1,8                                                    00001030
      IL = J - J/8*8                                                     00001040
      IF ( IL.EQ.0) IL = 8                                               00001050
      ISUM = ISUM+IMPO(J,I)*10**(8-IL)                                   00001060
      IF (IL.NE.8.AND.J.NE.4) GOTO 6740                                  00001070
      CONDIT (IN,I) = ISUM                                               00001080
      ISUM = 0                                                           00001090
      IN = IN + 1                                                        00001100
 6740 CONTINUE                                                           00001110
 6730 CONTINUE                                                           00001120
      DO 6750 I = 1,IMP                                                  00001130
      DO 6750 J = 1,18                                                   00001140
      ACTION (J,I) = 0                                                   00001150
 6760 CONTINUE                                                           00001160
 6750 CONTINUE                                                           00001170
      DO 5672 I = 1,IMP                                                  00001180
      WRITE (6,5673)I,(CONDIT(IJ,I),IJ=1,3),(ACTION(IJ,I),IJ=1,M6)       00001190
C5672 CONTINUE                                                           00001200
 5673 FORMAT (9H IMPL-NR.,I3,4X,3(1HI,I8,1X),4X,8(1HI,I8,1X))            00001210
      CALL YDASH (N,M,CONDIT,ACTION,N8,M8,IMP,BREAK,REDUND)              00001220
      DO 6770 I = 1,IMP                                                  00001230
      IN = 1                                                             00001240
      LL = CONDIT (IN,I)                                                 00001250
      CALL YDIGIT (8,LL,DIGIT)                                           00001260
      DO 6780 J = 1,8                                                    00001270
      IL = J - J/8*8                                                     00001280
      IF (IL.EQ.0) IL = 8                                                00001290
      IMPO (J,I) = DIGIT (IL)                                            00001300
      IF (J.EQ.8) GOTO 6770                                              00001310
      IF (IL.NE.8) GOTO 6780                                             00001320
      IN = IN + 1                                                        00001330
      LL = CONDIT (IN,I)                                                 00001340
      CALL YDIGIT (8,LL,DIGIT)                                           00001350
 6780 CONTINUE                                                           00001360
```

```
6770  CONTINUE                                                          00001370
      ORGTAB = .TRUE.                                                   00001380
      RSLTAB = .FALSE.                                                    01390
      LACT = .FALSE.                                                      01400
      DIFF = .TRUE.                                                       01410
      IG = 0                                                             01420
      CALL YOTOUT (IMP,DASH3,YES,NO,DASH1,X,ORGTAB,RSLTAB,LACT,DIFF,IG)  01430
27    CONTINUE                                                           01440
C                                                                        01450
      IF (INCRD(2).NE.ELEMRL) GOTO 6                                     01460
      ISGF2 = ISGNF                                                      01470
      ICHECK = 0                                                         01480
      ISGNF = 4                                                          01490
      WRITE (6,117)                                                      01500
      WRITE (6,105)                                                      01510
105   FORMAT (69H START TO READ ELEMENTARY-RULES. COLLECT THEM IN THE EL 01520
     XEMENTARY-TABLE,/)                                                  01530
      GOTO 1                                                             01540
6     CONTINUE                                                           01550
      IF (ISGNF.NE.4.OR.ISGF2.NE.3) GOTO 37                              01560
C     OUTPUT OF ELEMENTARY-RULES                                        01570
      WRITE (6,117)                                                      01580
      WRITE (6,120)                                                      01590
120   FORMAT (27H OUTPUT OF ELEMENTARY-RULES)                           01600
      IF (LRUL.NE.0) GOTO 3737                                          01610
      WRITE (6,3738)                                                     01620
3738  FORMAT (29H NOT A SINGLE ELEMENTARY-RULE)                         01630
      GOTO 9999                                                          01640
3737  CONTINUE                                                           01650
C     DO 6331 I =1,LRUL                                                 00001660
C     WRITE (6,6330)I,(ERCOND(IK,I),IK=1,20),(ERACT(IK,I),IK=1,NB)      00001670
C6331 CONTINUE                                                          00001680
6330  FORMAT (9H RULE-NR.,I3,4X,20I1,4X,8(1HI,I8,1X))                   00001690
      ISUM = 0                                                          00001700
```

```
      DO 5930 I = 1,LRUL                                           00001710
      IN = 1                                                       00001720
      DO 5940 J = 1,N                                              00001730
      IL = J - J/8*8                                               00001740
      IF (IL.EQ.0) IL = 8                                          00001750
      ISUM = ISUM + ERCOND(J,I)*10**(8-IL)                         00001760
      IF (IL.NE.8.AND.J.NE.N) GOTO 6940                            00001770
      CONDIT (IN,I) = ISUM                                         00001780
      ISUM = 0                                                     00001790
      IN = IN + 1                                                  00001800
6940  CONTINUE                                                     00001810
6930  CONTINUE                                                     00001820
      CALL YDASH (N,N,CONDIT,ERACT,N8,M8,LRUL,BREAK,REDUND)        00001830
      DO 6970 I = 1,LRUL                                           00001840
      IN = 1                                                       00001850
      LL = CONDIT (IN,I)                                           00001860
      CALL YDIGIT (8,LL,DIGIT)                                     00001870
      DO 6980 J = 1,N                                              00001880
      IL = J - J/8*8                                               00001890
      IF (IL.EQ.0) IL = 8                                          00001900
      ERCOND (J,I) = DIGIT (IL)                                    00001910
      IF (J.EQ.N) GOTO 6970                                        00001920
      IF (IL.NE.8) GOTO 6980                                       00001930
      IN = IN + 1                                                  00001940
      LL = CONDIT (IN,I)                                           00001950
      CALL YDIGIT (8,LL,DIGIT)                                     00001960
6980  CONTINUE                                                     00001970
6970  CONTINUE                                                     00001980
      ORGTAB = .TRUE.                                              00001990
      RSLTAB = .FALSE.                                             00002000
      LACT = .TRUE.                                                00002010
      DIFF = .FALSE.                                                  02020
      IG = 0                                                          02030
      CALL YOTOUT (LRUL,DASH3,YES,NO,DASH1,X,ORGTAB,RSLTAB,LACT,DIFF,IG)  02040
```

```
 37     CONTINUE                                            02050
C                                                           02060
        IF (INCRD(2).NE.LSECAS) GOTO 7                      02070
        ISGF2 = ISGNF                                       02080
        ICHECK = 0                                          02090
        ISGNF = 5                                           02100
        WRITE (6,117)                                       02110
        WRITE (6,107)                                       02120
107     FORMAT(25H BEGIN OF ELSE-CASE-INPUT,/)              02130
        GOTO 1                                              02140
 7      CONTINUE                                            02150
        IF (ISGNF.NE.5.OR.ISGF2.NE.4) GOTO 47              02160
C       OUTPUT OF ELSE-CASES                                02170
        WRITE (6,117)                                       02180
        WRITE (6,124)                                       02190
124     FORMAT (21H OUTPUT OF ELSE-CASES)                   02200
        IF (IELS.EQ.0) GOTO 47                              02210
C       DO 6341 I = 1,IELS                              00002220
C       WRITE (6,6340) I, (ELSE(IK,I),IK=1,N)           00002230
C6341   CONTINUE                                        00002240
 6340   FORMAT (9H ELSE-NR.,I3,4X,20I1)                 00002250
        ISUM = 0                                        00002260
        DO 6830 I = 1,IELS                              00002270
        IN = 1                                          00002280
        DO 6840 J = 1,N                                 00002290
        IL = J - J/8*8                                  00002300
        IF (IL.EQ.0) IL=8                               00002310
        ISUM = ISUM + ELSE(J,I)*10**(8-IL)              00002320
        IF (IL.NE.8.AND.J.NE.N) GOTO 6840               00002330
        CONDIT (IN,I) = ISUM                            00002340
        ISUM = 0                                        00002350
        IN = IN + 1                                     00002360
 6840   CONTINUE                                        00002370
 6830   CONTINUE                                        00002380
```

```
      DO 5850 I =1,IELS                                                  00002390
      DO 6860 J = 1,48                                                   00002400
      ACTION (J,I) = 0                                                   00002410
6860  CONTINUE                                                          00002420
6850  CONTINUE                                                          00002430
      CALL YDASH (N,M,CONDIT,ACTION,N8,48,IELS,BREAK,REDUND)            00002440
      DO 5870 I =1,IELS                                                  00002450
      IN = 1                                                            00002460
      LL = CONDIT (IN,I)                                                 00002470
      CALL YDIGIT (8,LL,DIGIT)                                           00002480
      DO 5880 J = 1,4                                                    00002490
      IL = J - J/8*8                                                     00002500
      IF (IL.EQ.0) IL = 8                                               00002510
      ELSE (J,I) = DIGIT (IL)                                            00002520
      IF (J.EQ.N) GOTO 5870                                             00002530
      IF (IL.NE.8) GOTO 6880                                            00002540
      IN = IN + 1                                                       00002550
      LL = CONDIT (IN,I)                                                 00002560
      CALL YDIGIT (8,LL,DIGIT)                                           00002570
6880  CONTINUE                                                          00002580
6870  CONTINUE                                                          00002590
      ORGTAB = .TRUE.                                                   00002600
      RSLTAB = .FALSE.                                                  00002610
      LACT = .FALSE.                                                    00002620
      DIFF = .FALSE.                                                      02630
      IG = 0                                                              02640
      CALL YDTOUT (IELS,DASH3,YES,NO,DASH1,X,ORGTAB,RSLTAB,LACT,DIFF,IG)  02650
      WRITE (6,7777)                                                      02660
      WRITE (6,128)                                                       02670
128   FORMAT (34H CHECK UP THE ELSE-CASES CAREFULLY)                      02680
47    CONTINUE                                                            02690
C                                                                         02700
      IF (INCRD(2).NE.FINISH) GOTO 1                                      02710
      WRITE (6,106)                                                       02720
```

```
      WRITE (6,7777)                                                   02730
106   FORMAT (28H END OF DECISION TABLE INPUT)                         02740
      GOTO 9998                                                        02750
C                                                                      02760
1     CONTINUE                                                         02770
      IF (ISGNF.EQ.0) WRITE (6,1007)                                   02780
1007  FORMAT (30H EVEN THE BEGIN-CARD IS MISSED)                       02790
C                                                                      02800
      IF (ICHECK.EQ.1) WRITE (6,108)                                   02810
108   FORMAT (50H NO DEFINITION-CARD HAS BEEN READ, THOUGH EXPECTED)   02820
      IF (ISGNF.NE.6.OR.ISGF2.NE.0) GOTO 1313                          02830
      READ (5,1168) (INCRD(I),I=1,2),NSMAX,IG,IK,IL                  00002840
      IF (IG.NE.0) CONSIS = .FALSE.                                     02850
      IF (IK.NE.0) ELDASH = .TRUE.                                      02860
      IF (IL.NE.0) REDUND = .TRUE.                                    00002870
1168  FORMAT (1H,2A2,6X,I1,10(2X,I4))                                  02880
      IF (INCRD(1).EQ.KREUZ) GOTO 1113                                 02890
      WRITE (6,108)                                                    02900
      GOTO 9999                                                        02910
1113  CONTINUE                                                         02920
      IF (INCRD(2).EQ.PROBLM) GOTO 1114                                02930
      WRITE (6,1178)                                                   02940
1178  FORMAT (50H PROBLEM-CARD IS OUT OF SEQUENCE OR MISSING AT ALL)   02950
      GOTO 9999                                                        02960
1114  CONTINUE                                                         02970
      WRITE (6,118) NSMAX,CONSIS,ELDASH,REDUND                       00002980
118   FORMAT (14H PROBLM-CARD...,4X,8H NSMAX =,I3,4X,9H CONSIS =,L2,//00002990
     X 18X,9H ELDASH =,L2,4X,9H REDUND =,L2,//)                     00003000
      ICHECK = 1                                                       03010
      GOTO 1111                                                        03020
1313  CONTINUE                                                         03030
      IF (ISGNF.EQ.1.AND.ISGF2.EQ.6) GOTO 1414                         03040
      IF (ISGNF.EQ.2.AND.ISGF2.EQ.1) GOTO 1414                         03050
      IF (ISGNF.EQ.3.AND.ISGF2.EQ.2) GOTO 2222                         03060
```

```
      IF (ISGNF.EQ.4.AND.ISGF2.EQ.3) GOTO 2222            03070
      IF (ISGNF.EQ.5.AND.ISGF2.EQ.4) GOTO 2222            03080
      WRITE (6,109)                                       03090
  109 FORMAT (49H ILLEGAL ORDER OR INVALID TYPE OF DEFINITION CARD)   03100
      GOTO 9999                                           03110
C                                                         03120
 1414 CONTINUE                                            03130
      READ (5,199)((AUXIL(I,IK),IK=1,8),KOM(I),I=1,8),CONT    03140
  199 FORMAT (1H ,8(9A1),A1)                              03150
      IF (CONT.NE.CONTI) GOTO 1522                        03160
      WRITE (6,110) ((AUXIL(I,IK),IK=1,8),I=1,8)          03170
  110 FORMAT (1H ,8(8A1,4X))                              03180
      IF (ISGNF.NE.1) GOTO 1508                           03190
      DO 4445 J=1,8                                       03200
      DO 4446 JJ=1,8                                      03210
      IJ = 1 + JJ                                         03220
      CORRY (IJ,J) = AUXIL (JJ,J)                         03230
 4446 CONTINUE                                            03240
 4445 CONTINUE                                            03250
      N = N + 8                                           03260
      M8 = M8 + 1                                     00003270
      GOTO 1509                                           03280
 1508 CONTINUE                                            03290
      IF (ISGNF.NE.2) GOTO 1509                           03300
      DO 4447 J = 1,8                                     03310
      DO 4448 JJ=1,8                                      03320
      IJ = 1 + JJ                                         03330
      ACTRY (IJ,J) = AUXIL (JJ,J)                         03340
 4448 CONTINUE                                            03350
 4447 CONTINUE                                            03360
      M = M + 8                                           03370
      M8 = M8 + 1                                         03380
 1509 CONTINUE                                            03390
      GOTO 1414                                           03400
```

```
1522 CONTINUE                                               03410
     IR = 0                                                 03420
     DO 54 I = 1,7                                          03430
     IF (KOM(I).NE.KOMMA) IR = IR + 1                       03440
54   CONTINUE                                               03450
     IH = 8 - IR                                            03460
     IF (N.NE.0.OR.IH.NE.1) GOTO 2729                       03470
     WRITE (6,2730)                                         03480
2730 FORMAT (27H BREAK..NO CONDITION  N = 0)                03490
     GOTO 9999                                              03500
2729 CONTINUE                                               03510
     IF (M.NE.0.OR.IH.NE.1) GOTO 2731                       03520
     WRITE (6,2732)                                         03530
2732 FORMAT (24H BREAK..NO ACTION   M = 0)                  03540
     GOTO 9999                                              03550
2731 CONTINUE                                               03560
     WRITE (6,110) ((AUXIL(I,IK),IK=1,8),I=1,IH)            03570
     IF (ISGNF.NE.1) GOTO 2734                              03580
     DO 4449 J=1,8                                          03590
     DO 4450 JJ=1,IH                                        03600
     IJ = N + JJ                                            03610
     COPRY (IJ,J) = AUXIL (JJ,J)                            03620
4450 CONTINUE                                               03630
4449 CONTINUE                                               03640
     N = N + IH                                             03650
     N8 = N8 + 1                                        00003660
2734 CONTINUE                                               03670
     IF (ISGNF.NE.2) GOTO 2735                              03680
     DO 4451 J=1,8                                          03690
     DO 4452 JJ=1,IH                                        03700
     IJ = M + JJ                                            03710
     ACTRY (IJ,J) = AUXIL (JJ,J)                            03720
4452 CONTINUE                                               03730
4451 CONTINUE                                               03740
```

```
        M = M + IH                                              03750
        M8 = M8 + 1                                             03760
  2735 CONTINUE                                                 03770
        IF (ISGNF.EQ.1) WRITE (6,2454) N                        03780
  2454 FORMAT (23H NUMBER OF CONDITIONS =,I4,/)                 03790
        IF (ISGNF.EQ.2) WRITE (6,2456) M                        03800
  2456 FORMAT (20H NUMBER OF ACTIONS =,I4,/)                    03810
        ICHECK = 1                                              03820
        GOTO 1111                                               03830
C                                                               03840
  2222 CONTINUE                                                 03850
C                                                               03860
        CONTRL = .TRUE.                                         03870
  1616 CONTINUE                                                 03880
  1515 IC = 0                                                   03890
  1717 IF (CONTRL) II = M                                       03900
        IF (.NOT. CONTRL) II = M                                03910
        READ (5,112) (INCRD(I),I=1,32), CONT                   03920
  112  FORMAT (1H ,32A2,7X,A1)                                  03930
        IF(INCRD(1).NE. KREUZ) GOTO 1333                       03940
        ICHECK = 1                                              03950
        GOTO 1112                                               03960
  1333 CONTINUE                                                 03970
        IF (II.LE.32) GOTO 17                                   03980
        IF (CONT.EQ.CONTIN.OR.IC.EQ.1) GOTO 18                 03990
        WRITE (6,113)                                           04000
  113  FORMAT (29H 'C' IN COLUMN 73 IS EXPECTED)               04010
        GOTO 9999                                               04020
  18   CONTINUE                                                 04030
        IF (IC.EQ.1) GOTO 20                                    04040
        IA = 1                                                  04050
        IE = 32                                                 04060
        ID = 0                                                  04070
        GOTO 1818                                               04080
```

```
20    CONTINUE                                                      04090
      IA = 33                                                       04100
      IE = II                                                       04110
      ID = 32                                                       04120
      GOTO 1818                                                     04130
17    CONTINUE                                                      04140
      IA = 1                                                        04150
      IE = II                                                       04160
      ID = 0                                                        04170
1818  CONTINUE                                                      04180
      DO 50 I = IA,IE                                               04190
      IOK = 0                                                       04200
      IXXX = I - ID                                                 04210
C     WRITE (6,8654) CONTRL, ISGNF, ISGF2                       00004220
8654  FORMAT (9H CONTRL =,L4,4X,8H ISGNF =,I3,4X,8H ISGF2 =,I3) 00004230
      IF (.NOT. CONTRL) GOTO 2622                                   04240
      IF (INCRD(IXXX).NE. YES) GOTO 21                              04250
      IOK = 1                                                       04260
      DIG (I) = 1                                                   04270
      GOTO 50                                                       04280
21    CONTINUE                                                      04290
      IF (INCRD (IXXX).NE.NO) GOTO 22                               04300
      IOK = 1                                                       04310
      DIG (I) = 0                                                   04320
      GOTO 50                                                       04330
22    CONTINUE                                                      04340
      IF (INCRD (IXXX).NE. YSTAR) GOTO 23                           04350
      IOK = 1                                                       04360
      DIG (I) = 3                                                   04370
      GOTO 50                                                       04380
23    CONTINUE                                                      04390
      IF (INCRD(IXXX).NE.NSTAR) GOTO 24                             04400
      IOK = 1                                                       04410
      DIG (I) = 4                                                   04420
```

```
         GOTO 50
24       CONTINUE                                                         04440
         IF (INCRD(IXXX).NE.DASH1.AND.INCRD(IXXX).NE.DASH2.AND.           04450
     X       INCRD(IXXX).NE.DASH3.AND.INCRD(IXXX).NE.DASH4) GOTO 2630     04460
                                                                          04470
         IDK = 1                                                          04480
         DIG (I) = 2                                                      04490
         GOTO 50                                                          04500
2622     CONTINUE                                                         04510
         IF (INCRD (IXXX) .NE. X) GOTO 2626                               04520
         IDK = 1                                                          04530
         DIG (I) = 1                                                      04540
         GOTO 50                                                          04550
2626     CONTINUE                                                         04560
         IF (INCRD(IXXX).NE.NOAC1.AND.INCRD(IXXX).NE.NOAC2) GOTO 2630     04570
         IDK = 1                                                          04580
         DIG (I) = 0                                                      04590
2630     CONTINUE                                                         04600
         IF (IDK .NE. 0 ) GOTO 50                                       00004610
         IF (ISGNF.EQ.3) IH = IMP                                       00004620
         IF (ISGNF.EQ.4) IH = LRUL                                      00004630
         IF (ISGNF.EQ.5) IH = IELS                                      00004640
         WRITE (6,114) IH, I                                            00004650
114      FORMAT (20H INVALID ENTRY-VALUE,4X,9H RULE-NR.,I3,9H SIGN-NR.,I3)
         GOTO 9999                                                        04660
50       CONTINUE                                                         04670
         IS = 0                                                           04680
         IF (ISGNF .EQ. 3) IMP = IMP + 1                                  04690
         IF (ISGNF .EQ. 4 .AND. CONTRL) LRUL = LRUL + 1                   04700
         IF (ISGNF .EQ. 5) IELS = IELS + 1                                04710
         IF (ISGNF .NE. 4 .OR. CONTRL) GOTO 2753                          04720
         IF (CONT.EQ.CONTIN) GOTO 2754                                    04730
         DO 70 I = 1,M                                                    04740
         IS = I - (I/8)*8                                                 04750
         IF (IS .EQ. 0) IS = 8                                            04760
```

```
      DIGIT (IS) = DIG (I)                                      04770
      IF (IS.NE.8.AND.I.NE.M) GOTO 70                           04780
      ISUM = 0                                                  04790
      DO 80 J = 1,8                                             04800
      L = DIGIT (J)                                             04810
      IF (L.EQ.0) GOTO 80                                       04820
      ISUM = ISUM + L*10 ** (8-J)                               04830
80    CONTINUE                                                  04840
      IG = IG + 1                                               04850
      ERACT (IG,LRUL) = ISUM                                    04860
70    CONTINUE                                                  04870
      GOTO 2754                                                 04880
2753  CONTINUE                                                  04890
      IF (ISGNF .NE. 4 .OR. .NOT. CONTRL) GOTO 2650             04900
      DO 81 I = 1,N                                             04910
      ERCOND (I,LRUL) = DIG (I)                                 04920
81    CONTINUE                                                  04930
      N1 = N + 1                                                04940
      DO 8181 I = N1,20                                         04950
      ERCOND (I,LRUL) = 0                                       04960
8161  CONTINUE                                                  04970
      GOTO 2754                                                 04980
2650  CONTINUE                                                  04990
      IF (ISGNF .NE. 3) GOTO 2651                               05000
      DO 82 I = 1,N                                             05010
      IMPO (I,IMP) = DIG (I)                                    05020
82    CONTINUE                                                  05030
      GOTO 2754                                                 05040
2651  CONTINUE                                                  05050
      IF (ISGNF .NE. 5) GOTO 2754                               05060
      DO 83 I = 1,N                                             05070
      ELSE (I,IELS) = DIG (I)                                   05080
83    CONTINUE                                                  05090
2754  CONTINUE                                                  05100
```

```
      IF (CONTRL) GOTO 58                                          05110
      IF (IC.EQ.1.AND.CONT.NE.CONTIN) GOTO 58                      05120
      IF (IC.EQ.0) GOTO 2623                                       05130
      WRITE (6,290)                                                05140
290   FORMAT (34H ONLY ONE CONTINUE-CARD IS ALLOWED)               05150
      GOTO 9999                                                    05160
2623  CONTINUE                                                     05170
      IF (CONT.NE.CONTIN) GOTO 58                              00005180
      IC = 1                                                       05190
      GOTO 1717                                                    05200
58    CONTINUE                                                     05210
      IF (ISGNF.NE.4) GOTO 2222                                    05220
      IF (CONTRL) GOTO 3939                                        05230
      CONTRL = .TRUE.                                              05240
      GOTO 1515                                                    05250
3939  CONTINUE                                                     05260
      CONTRL = .FALSE.                                             05270
      GOTO 1515                                                    05280
9994  CONTINUE                                                     05290
2425  FORMAT(33H 'FINISH' OF DECISION TABLE INPUT)                 05300
      WRITE (6,2425)                                               05310
9999  CONTINUE                                                     05320
      RETURN                                                       05330
      END                                                          05340
```

```
      SUBROUTINE YDASH (NN,MA,COND,ACT,N8,M8,NUM,BREAK,REDUND)       00000000
      INTEGER COND(3,256),ACT(8,256),DASHES(3,1024),DASHED(3,1024),  00010
     X CONDIT (3,256), ACTION (8,256)                                00020
      INTEGER*2 DIGIT (8), TAB1 (20), TAB2 (20)                      00000030
      LOGICAL REPEAT, BREAK, REDUND                                  00000040
      DIMENSION ISGNF1 (256), ISGNF2 (1024)                          00050
      INTEGER ACTEQ (256)                                            00060
      IF (NUM.GT.1) GOTO 3                                           00070
      BREAK = .TRUE.                                                 00080
      GOTO 99                                                        00090
    3 CONTINUE                                                       00100
      BREAK = .FALSE.                                                00110
      DO 5 I = 1, NUM                                                00120
    5 ISGNF1 (I) = I                                                 00130
      NUMBER = 1                                                     00140
      NUMB1 = 0                                                      00000150
      NNM = NUM - 1                                                  00160
      DO 10 I = 1, NNM                                               00170
      REPEAT = .FALSE.                                               00180
      IF (ISGNF1 (I).EQ.11349) GOTO 10                               00190
      KK = 1                                                         00200
      ACTEQ (1) = I                                                  00210
      DO 65 II = 1, N8                                               00220
   65 DASHED (II, 1) = COND (II, I)                                  00230
      JJ = I + 1                                                     00240
      DO 20 J = JJ, NUM                                              00250
C     ITEST = 1                                                      00000260
C     WRITE (6,9001) ITEST, I, J                                     00000270
 9001 FORMAT (8H ITEST =,I3,4X,6(1HI,I8,4X))                         00000280
      IF (ISGNF1(J).EQ.11349) GOTO 20                                00290
      DO 30 K = 1, M8                                                00300
      L = ACT (K, I)                                                 00310
      LL = ACT (K, J)                                                00320
      LLL = L - LL                                                   00330
```

```
         IF (LLL.NE.0) GOTO 20                              00340
30       CONTINUE                                           00350
         KK = KK + 1                                        00360
         ACTEQ (KK) = J                                     00370
         ISGNF1 (J) = 11349                                 00380
         DO 55 II = 1, N8                                   00390
         DASHED (II, KK) = COND (II, J)                     00400
55       CONTINUE                                           00410
20       CONTINUE                                           00420
         IF (KK .EQ. 1) GOTO 147                            00430
1111     CONTINUE                                           00440
         IDASH = 0                                          00450
         DO 51 J = 1, KK                                    00460
51       ISGNF2 (J) = 22450                                 00470
         REPEAT = .FALSE.                                   00480
         KK1 = KK - 1                                       00490
         DO 40 J = 1, KK1                                   00500
         JJ = J + 1                                         00510
         DO 50 K = JJ, KK                                   00520
         IDIFF = 0                                          00530
         DO 60 M = 1, N8                                    00540
         L = DASHED (M, J)                                  00550
         LL = DASHED (M, K)                                 00560
         IF (LL.GE.L) GOTO 22                               00570
         LLL = L - LL                                       00580
         GOTO 32                                            00590
22       LLL = LL - L                                       00600
32       CONTINUE                                           00610
C        ITEST = 2                                          00000620
C        WRITE (6,9001) ITEST, J, K, M, L, LL, LLL          00000630
         IF (LLL.EQ.0) GOTO 60                              00640
         IF (LL.GE.L) GOTO 36                               00650
C                                                           00660
         J1 = K                                             00670
```

```
          J2 = J                                                        00680
          GOTO 38                                                       00690
   36     J1 = J                                                        00700
          J2 = K                                                        00710
   38     CONTINUE                                                      00720
          IF (IDIFF.EQ.1) GOTO 58                                       00730
          IDIFF = 1                                                     00740
          MN = 4                                                        00750
   60     CONTINUE                                                      00760
          IF (IDIFF.EQ.1) GOTO 37                                       00770
                                                                        00780
C         IDIFF EQUAL ZERO, THAT MEANS, THAT THESE TWO RULES ARE EQUAL. 00790
C         OUTPUT OF THESE RULES, IF PROVIDED                            00800
C                                                                       00810
          WRITE (6,100) ACTEQ (K), ACTEQ (J)                            00820
   100    FORMAT (9H RULE-NR.,I4,25H IS IDENTICAL TO RULE-NR.,I4)       00830
C         WRITE (6,4711) (DASHED (IK,J),IK=1,N8)                        00840
C         WRITE (6,4712) (DASHED (IK,K),IK=1,N8)                        00850
   4711   FORMAT (15H DASHED(IK,J) =,3(1X,I8))                          00860
   4712   FORMAT (15H DASHED(IK,K) =,3(1X,I8))                          00870
          GOTO 50                                                       00880
   37     L = DASHED (MN, J1)                                           00890
          LL = DASHED (MN, J2)                                          00900
          LLL = LL - L                                                  00910
C         WRITE (6,1011) L, LL, LLL                                  00000920
   1011   FORMAT (4H L =,I8,4X,5H LL =,I8,4X,6H LLL =,I8)               00930
          IF (LLL.LT.10.AND.LLL.NE.1) GOTO 58                           00940
          IXPO = 100000000                                              00950
          IO = 0                                                        00960
          IA = 8                                                        00970
   42     IXPO = IXPO/10                                                00980
          IA = IA - 1                                                   00990
          IF (LLL.LT.IXPO) GOTO 52                                      01000
          LLL = LLL - IXPO                                              01010
```

```
      ID = ID + 1                                              01020
      IF (ID.EQ.2) GOTO 58                                     01030
C                                                              01040
C     IPLADA MEANS THE PLACE OF DASH                           01050
C                                                              01060
      IPLADA = IA + 1                                          01070
      IF (ID.EQ.1.AND.LLL.EQ.0) GOTO 62                        01080
  52  CONTINUE                                                 01090
      IF (IA) 62, 62, 42                                       01100
  62  CONTINUE                                                 01110
      IF (ID .NE. 1) GOTO 58                                   01120
C                                                              01130
C     AN 'EINSUEBERGANG' IS GOT                                01140
C                                                              01150
      ISGNF2 (J) = 11349                                       01160
      ISGNF2 (K) = 11349                                       01170
      IPLADA = 9 - IPLADA                                  00001180
      CALL YDIGIT (8,L,DIGIT)                              00001190
      DIGIT (IPLADA) = 2                                       01200
      ISUM = 0                                                 01210
      DO 70 L = 1, 8                                           01220
      LL = DIGIT (L)                                           01230
      IF (LL.EQ.0) GOTO 70                                     01240
      ISUM = ISUM + LL*10**(8-L)                           00001250
  70  CONTINUE                                                 01260
      IDASH = IDASH + 1                                        01270
      DASHES (MN, IDASH) = ISUM                                01280
      DO 15 IK = 1, N8                                         01290
      IF (IK .EQ. MN) GOTO 15                                  01300
      DASHES (IK, IDASH) = DASHED (IK, J1)                     01310
  15  CONTINUE                                                 01320
C     WRITE (6,1012) IDASH, (DASHES(IK,IDASH),IK=1,N8)     00001330
 1012 FORMAT (10H IDASH11 =,I4,4X,9H DASHES =, 3(1X,I8))       01340
      IF (IDASH.EQ.1) GOTO 50                                  01350
```

```
      MM = IDASH                                                        01360
                                                                        01370
C                                                                       01380
C     CHECKING OF THE CONTENT OF TABLE DASHES IN RESPECT OF THE GOT     01390
C     'EINSUEBERGANG'.                                                  01400
C                                                                       01410
  161 MM = MM - 1                                                       01420
      IEQ = 0                                                           01430
      DO 90 IK = 1, N8                                                  01440
      L = DASHES (IK, IDASH)                                            01450
      LL = DASHES (IK, MM)                                              01460
      IF (L.NE.LL) GOTO 90                                              01470
      IEQ = IEQ + 1                                                     01480
   90 CONTINUE                                                          01490
      IF (IEQ.NE.N8) GOTO 171                                           01500
      IDASH = IDASH - 1                                                 01510
C     WRITE (6,1013) IDASH                                              01520
 1013 FORMAT (10H IDASH22 =,I4)                                         01530
      GOTO 50                                                           01540
  171 CONTINUE                                                          01550
      IF (MM.GT.1) GOTO 161                                             01560
      GOTO 50                                                           01570
   58 CONTINUE                                                          01580
      IF (KK.GT.2) GOTO 50                                              01590
      DO 1175 IK=1,N8                                                   01600
      CONDIT (IK,NUMBER) = DASHED (IK,J)                                01610
      CONDIT (IK,NUMBER+1) = DASHED (IK,K)                              01620
 1175 CONTINUE                                                        00001630
C     IKENN = 1111                                                   00001640
C     WRITE (6,3479) NUMBER, (CONDIT(IK,NUMBER),IK=1,N8), IKENN      00001650
C     NUMBER = NUMBER + 1                                            00001660
C     IKENN = 2222                                                   00001670
C     WRITE (6,3479) NUMBER, (CONDIT(IK,NUMBER),IK=1,N8), IKENN      00001680
C     NUMBER = NUMBER - 1
```

```
3479 FORMAT (9H TEST-NR.,I4,4X,3(1HI,I8,1X))             00001690
      DO 1185 IK =1,M8                                       01700
      LL = ACTEQ (1)                                         01710
      ACTION (IK,NUMBER) = ACT (IK,LL)                       01720
      LL = ACTEQ (2)                                         01730
      ACTION (IK,NUMBER+1) = ACT (IK,LL)                     01740
 1185 CONTINUE                                               01750
      NUMBER = NUMBER + 2                                    01760
      ISGNF2 (J) = 11349                                     01770
      ISGNF2 (K) = 11349                                     01780
      GOTO 10                                             00001790
   50 CONTINUE                                               01800
   40 CONTINUE                                               01810
C                                                            01820
C     NOW TABLE DASHES CONTAINS ALL POSSIBLE 'EINSUEBERGAENGE'  01830
C                                                            01840
      IF (IDASH.LE.1) GOTO 77                             00001850
      REPEAT = .TRUE.                                     00001860
      DO 35 J = 1, KK                                     00001870
      IF (ISGNF2(J).EQ.11349) GOTO 35                     00001880
      DO 75 K = 1,N8                                      00001890
      CONDIT (K,NUMBER) = DASHED (K,J)                    00001900
   75 CONTINUE                                            00001910
C     IKENN = 3333                                        00001920
C     WRITE (6,3479) NUMBER, (CONDIT(IK,NUMBER),IK=1,N8), IKENN  00001930
      DO 85 K = 1,M8                                      00001940
      ACTION (K,NUMBER) = ACT (K,I)                       00001950
   85 CONTINUE                                            00001960
      NUMBER = NUMBER + 1                                 00001970
   35 CONTINUE                                            00001980
      DO 72 J = 1, IDASH                                  00001990
      DO 45 K = 1,N8                                      00002000
      DASHED (K,J) = DASHES (K,J)                         00002010
   45 CONTINUE                                            00002020
```

```
 72    CONTINUE                                                         00002030
       KK = IDASH                                                       00002040
C                                                                       00002050
C      LEAP TO THE FOLLOWING DASH-PHASE                                 00002060
C                                                                       00002070
       GOTO 1111                                                        00002080
 77    CONTINUE                                                         00002090
C      IDASH .LE. 1              OUTPUT, OUTPUT                          00002100
       IF (IDASH.NE.1) GOTO 2727                                        00002110
       DO 142 JK = 1,N8                                                 02120
142    CONDIT (JK,NUMBER) = DASHES (JK,1)                               02130
C      IKENN = 4444                                                     00002140
C      WRITE (6,3479) NUMBER, (CONDIT(IK,NUMBER),IK=1,N8), IKENN        00002150
       DO 150 JK = 1,M8                                                 02160
150    ACTION (JK,NUMBER) = ACT (JK,4)                                  02170
       NUMBER = NUMBER + 1                                              02180
2727   CONTINUE                                                         02190
       DO 151 IK = 1, KK                                                00002200
       IF (ISGNF2(IK).EQ.11349) GOTO 1519                              00002210
       DO 152 JK = 1, N8                                                02220
       CONDIT (JK,NUMBER) = DASHED (JK,IK)                              00002230
152    CONTINUE                                                         00002240
C      IKENN = 5555                                                     00002250
C      WRITE (6,3479) NUMBER, (CONDIT(IK,NUMBER),IK=1,N8), IKENN        00002260
       DO 153 JK = 1,M8                                                 00002270
       ACTION (JK,NUMBER) = ACT (JK,I)                                  00002280
153    CONTINUE                                                         02290
       NUMBER = NUMBER + 1                                              00002300
1519   CONTINUE                                                         02310
151    CONTINUE                                                         02320
       NUMB = NUMBER - 1                                                00002330
       IF (.NOT.REDUND) GOTO 6203                                       00002340
C      REDUCTION OF REDUNDANCY                                          00002350
       IA = NUMB1 + 1                                                   00002360
```

```
      DO 8001 IK = IA,NUMB                                              00002370
      WRITE (6,8002) IK,(CONDIT(IJ,IK),IJ=1,3),(ACTION(IJ,IK),IJ=1,M8)  00002380
 8001 CONTINUE                                                          00002390
 8002 FORMAT (12H REDUNDANCY ,I3,4X,3(1HI,I8,1X),4X,8(1HI,I8,1X))       00002400
      IK = IA                                                           00002410
 6001 CONTINUE                                                          00002420
      DO 6010 J = 1,N8                                                  00002430
      LL = CONDIT (J,IK)                                                00002440
      CALL YDIGIT (8,LL,DIGIT)                                          00002450
      DO 6015 K = 1,8                                                   00002460
      IN = (J-1)*8 + K                                                  00002470
      IF (IN.GT.N) GOTO 6012                                            00002480
      TAB1 (IN) = DIGIT (K)                                             00002490
 6015 CONTINUE                                                          00002500
 6010 CONTINUE                                                          00002510
 6012 CONTINUE                                                          00002520
      II = IK + 1                                                       00002530
 6002 CONTINUE                                                          00002540
      DO 6020 J = 1,N8                                                  00002550
      LL = CONDIT (J,II)                                                00002560
      CALL YDIGIT (8,LL,DIGIT)                                          00002570
      DO 6030 K = 1,8                                                   00002580
      IN = (J-1)*8 + K                                                  00002590
      IF (IN.GT.N) GOTO 6050                                            00002600
      TAB2 (IN) = DIGIT (K)                                             00002610
 6030 CONTINUE                                                          00002620
 6020 CONTINUE                                                          00002630
 6050 CONTINUE                                                          00002640
      IER1 = 0                                                          00002650
      IER2 = 0                                                          00002660
      DO 6060 J = 1,N                                                   00002670
      L = TAB1 (J)                                                      00002680
      LL = TAB2 (J)                                                     00002690
      IF (L.NE.LL.AND.LL.NE.2.AND.L.NE.2) GOTO 6015                     00002700
```

```
      IF (L.EQ.LL) GOTO 6060                              00002710
      IF (L.NE.2) GOTO 6061                               00002720
      IER1 = IER1 + 1                                     00002730
      IPLADA = J                                          00002740
      GOTO 6060                                           00002750
 6061 CONTINUE                                            00002760
      IER2 = IER2 + 1                                     00002770
      IPLADA = J                                          00002780
 6060 CONTINUE                                            00002790
      IF (IER1.NE.0) GOTO 6062                            00002800
      IF (IER2.NE.0) GOTO 6063                            00002810
C     IDENTICAL CONDITION-COMBINATIONS                   00002820
      TAB1 (1) = 9                                        00002830
      GOTO 6016                                           00002840
 6063 CONTINUE                                            00002850
      IF (IER2.GT.1) GOTO 6064                            00002860
      TAB2 (IPLADA) = 1 - TAB1 (IPLADA)                  00002870
      GOTO 6016                                           00002880
 6064 CONTINUE                                            00002890
      TAB1 (1) = 9                                        00002900
      GOTO 6016                                           00002910
 6062 CONTINUE                                            00002920
      IF (IER2.NE.0) GOTO 6016                            00002930
      IF (IER1.NE.1) GOTO 6066                            00002940
      TAB1 (IPLADA) = 1 - TAB2 (IPLADA)                  00002950
      GOTO 6016                                           00002960
 6066 CONTINUE                                            00002970
      TAB2 (1) = 9                                        00002980
 6016 CONTINUE                                            00002990
      IF ( TAB1(1).EQ.9) GOTO 6071                        00003000
      IF (II.NE.NUMB) GOTO 6073                           00003010
      IN = 1                                              00003020
      ISUM = 0                                            00003030
      DO 6072 J = 1,N                                     00003040
```

```
      IL = J - J/8 *8                                  00003050
      IF (IL.EQ.0) IL = 8                              00003060
      ISUM = ISUM + TAB1(J)*10**(8-IL)                 00003070
      IF (IL.NE.8.AND.J.NE.N) GOTO 6072                00003080
      CONDIT (IN,I) = ISUM                             00003090
      ISUM = 0                                         00003100
      IN = IN + 1                                      00003110
 6072 CONTINUE                                         00003120
      IN = NUMB-1                                      00003130
      IF (IK.LE.IN) IK = IK + 1                        00003140
      IF (IK.EQ.NUMB) GOTO 6088                        00003150
      GOTO 6001                                        00003160
 6071 CONTINUE                                         00003170
      NJMB = NUMB - 1                                  00003180
      DO 6100 IL = IK,NUMB                             00003190
      L = IL + 1                                       00003200
      DO 6105 LL = 1,N8                                00003210
      CONDIT (LL,IL) = CONDIT (LL,L)                   00003220
 6105 CONTINUE                                         00003230
      DO 6106 LL = 1,M8                                00003240
      ACTION (LL,IL) = ACTION (LL,L)                   00003250
 6106 CONTINUE                                         00003260
 6100 CONTINUE                                         00003270
 6073 CONTINUE                                         00003280
      IF (TAB2(1).EQ.9) GOTO 6068                      00003290
      IN = 1                                           00003300
      ISUM = 0                                         00003310
      DO 6070 J = 1,N                                  00003320
      IL = J - J/8 *8                                  00003330
      IF (IL.EQ.0) IL = 8                              00003340
      ISUM = ISUM + TAB2(J)*10**(8-IL)                 00003350
      IF (IL.NE.8.AND.J.NE.N) GOTO 6070                00003360
      CONDIT (IN,II) = ISUM                            00003370
      ISUM = 0                                         00003380
```

```
      IN = IN + 1                                                      00003390
6070 CONTINUE                                                          00003400
      IF (II.LE.NUMB) II = II + 1                                      00003410
      IF (II.LE.NUMB) GOTO 6018                                        00003420
      IK = IK + 1                                                      00003430
      GOTO 6001                                                        00003440
6018 CONTINUE                                                          00003450
      GOTO 6002                                                        00003460
6068 CONTINUE                                                          00003470
      NUMB = NUMB - 1                                                  00003480
      DO 6080 IL = II,NUMB                                             00003490
      L = IL + 1                                                       00003500
      DO 6085 LL = 1,N8                                                00003510
      CONDIT (LL,IL) = CONDIT (LL,L)                                   00003520
6085 CONTINUE                                                          00003530
      DO 6090 LL = 1,M8                                                00003540
      ACTION (LL,IL) = ACTION (LL,L)                                   00003550
6090 CONTINUE                                                          00003560
6080 CONTINUE                                                          00003570
      IF (II.LE.NUMB) II = II + 1                                      00003580
      IF (II.LE.NUMB) GOTO 6019                                        00003590
      IK = IK + 1                                                      00003600
      GOTO 6001                                                        00003610
6019 CONTINUE                                                          00003620
      GOTO 6002                                                        00003630
6088 CONTINUE                                                          00003640
      DO 8003 IK = IA,NUMB                                             00003650
      WRITE (6,8002)IK,(CONDIT(IJ,IK),IJ=1,3),(ACTION(IJ,IK),IJ=1,M8)  00003660
8003 CONTINUE                                                          00003670
6203 CONTINUE                                                          00003680
      NUMBER = NUMB + 1                                                00003690
      GOTO 10                                                          00003700
147  CONTINUE                                                          00003710
      DO 148 IK = 1,N8                                                 00003720
```

```
      CONDIT (IK,NUMBER) = COND (IK,I)                                 00003730
148   CONTINUE                                                        00003740
C     IKENN = 6666                                                    00003750
C     WRITE (6,3479) NUMBER, (CONDIT(IK,NUMBER),IK=1,N8), IKENN       00003760
      DO 149 IK = 1,M8                                                00003770
      ACTION (IK,NUMBER) = ACT (IK,I)                                 00003780
149   CONTINUE                                                        00003790
      NUMBER = NUMBER + 1                                             00003800
      NJMB1 = NUMB                                                    00003810
C                                                                     00003820
C     END OF RULE-LOOP 10  10  10  10  10  10  10  10  10  10  10     00003830
10    CONTINUE                                                        03850
      IF (ISGNF1(NUM).EQ.11349) GOTO 179                              03860
      DO 281 IK = 1,N8                                                03870
      CONDIT (IK, NUMBER) = COND (IK, NUM)                            03880
281   CONTINUE                                                        03890
C     IKENN = 7777                                                    00003900
C     WRITE (6,3479) NUMBER, (CONDIT(IK,NUMBER),IK=1,N8), IKENN       00003910
      DO 282 IK = 1,M8                                                03920
      ACTION (IK, NUMBER) = ACT (IK, NUM)                             03930
282   CONTINUE                                                        03940
      NUMBER = NUMBER + 1                                             03950
179   CONTINUE                                                        03960
      NUM = NUMBER - 1                                                03970
      DO 180 I = 1, NUM                                               03980
      DO 181 IK = 1, N8                                               03990
      COND (IK,I) = CONDIT (IK,I)                                     04000
181   CONTINUE                                                        04010
      DO 182 IK = 1, M8                                               04020
      ACT (IK,I) = ACTION (IK,I)                                      04030
182   CONTINUE                                                        04040
180   CONTINUE                                                        04050
99    RETURN                                                          04060
      END                                                             04070
```

```
      SUBROUTINE YDIGIT (N,LL,DIGT)                              00000
      INTEGER*2 DIGT (8)                                         00010
      LL = LL * 10**(8-N)                                   00000020
      AUF DEN STELLENWERT DER ZU ZERLEGENDEN ZAHLEN ACHTEN       00030
                                                                 00040
C     1   2   3   4   5   6   7   8   9 10 11 12 13 14 15 16 17 18 19 20  00050
C                                                                00060
C     Y   N   Y   -   N   N   N                                  00070
C                                                                00080
C     1   0   1   2   0   0   0                                  00090
C     M = 7    IN DIESEM SPEZIELLEN BEISPIEL -----------         00100
C                                                                00110
      DO 10 I = 1,8                                              00120
   10 DIGT (I) = 0                                               00130
      IXPO = 100000000                                           00140
      IA = 0                                                     00150
    1 IXPO = IXPO/10                                             00160
      IA = IA + 1                                                00170
      I4 = 4*IXPO                                                00180
      IF (LL.LT.I4) GOTO 2                                       00190
      DIGT (IA) = 4                                              00200
      LL = LL - I4                                               00210
      IF (IA.NE.8) GOTO 1                                        00220
      GOTO 9999                                                  00230
    2 CONTINUE                                                   00240
      I3 = 3*IXPO                                                00250
      IF (LL.LT.I3) GOTO 3                                       00260
      DIGT (IA) = 3                                              00270
      LL = LL - I3                                               00280
      IF (IA.NE.8) GOTO 1                                        00290
      GOTO 9999                                                  00300
    3 CONTINUE                                                   00310
      I2 = 2*IXPO                                                00320
      IF (LL.LT.I2) GOTO 4                                       00330
```

```
      DIGT (IA) = 2                  00340
      LL = LL - I2                   00350
      IF (IA.NE.8) GOTO 1           00360
      GOTO 9999                      00370
4     CONTINUE                       00380
      IF (LL.LT.IXPO) GOTO 5        00390
      DIGT (IA) = 1                  00400
      LL = LL - IXPO                 00410
      IF (IA.NE.8) GOTO 1           00420
      GOTO 9999                      00430
5     CONTINUE                       00440
      DIGT (IA) = 0                  00450
      IF (IA.NE.2) GOTO 1           00460
9999  RETURN                         00470
      END                            00480
```

```
      SUBROUTINE YSTUB                                                00000
      COMMON N, M, IMP, LRUL, IELS, NSMAX, M8, IELR, NUM              00010
      COMMON CONRY (20,8), ACTRY (64,8)                               00020
      COMMON COSTUB (5,4,8), ACSTUB (8,8,8)                           00030
      COMMON ERCOND(20,128), ERACT(8,128), IMPOSS(20,128), ELSE(20,128) 00040
      COMMON CONDIT (3,256), ACTION (8,256), SUBELS (256)             00050
      COMMON FINIT,SPLIT,CONSIS,ELDASH,REDUND                       00000060
      REAL CONRY, ACTRY, COSTUB, ACSTUB                               00070
      INTEGER ERACT, ACTION, CONDIT, SUBELS                           00080
      INTEGER*2 ERCOND, IMPOSS, ELSE                                  00090
      LOGICAL FINIT,SPLIT,CONSIS,ELDASH,REDUND                      00000100
C     COMMON N, M, IMP, LRUL, IELS, NSMAX, M8, IELR, NUM              00110
C     COMMON CONRY (20,8), ACTRY (64,8)                               00120
C     COMMON COSTUB (5,4,8), ACSTUB (8,8,8)                           00130
C     COMMON ERCOND(20,128), ERACT(8,128), IMPOSS(20,128), ELSE(20,128) 00140
C     COMMON CONDIT (3,256), ACTION (8,256), SUBELS (256)             00150
C     COMMON FINIT,SPLIT,CONSIS,ELDASH,REDUND                       00000160
C     REAL CONRY, ACTRY, COSTUB, ACSTUB                               00170
C     INTEGER ERACT, ACTION, CONDIT, SUBELS                           00180
C     INTEGER*2 ERCOND, IMPOSS, ELSE                                  00190
C     LOGICAL FINIT,SPLIT,CONSIS,ELDASH,REDUND                      00000200
      REAL BLANK/'    '/                                              00210
      DO 10 I=1,8                                                     00220
      DO 20 J=1,4                                                     00230
      DO 30 K=1,5                                                     00240
      IN = (J-1)*5 + K                                                00250
      IF (IN.LE.N) GOTO 31                                            00260
      COSTUB (K,J,I) = BLANK                                          00270
      GOTO 30                                                         00280
31    CONTINUE                                                        00290
      COSTUB (K,J,I) = CONRY (IN,I)                                   00300
30    CONTINUE                                                        00310
20    CONTINUE                                                        00320
      DO 40 J=1,8                                                     00330
```

```
      DO 50 K=1,8                                                        00340
      IM = (J-1)*8 + K                                                   00350
      IF (IM.LE.M) GOTO 51                                               00360
      ACSTUB (K,J,I) = BLANK                                            00370
      GOTO 50                                                            00380
   51 CONTINUE                                                           00390
      ACSTUB (K,J,I) = ACTRY (IM,I)                                      00400
   50 CONTINUE                                                           00410
   40 CONTINUE                                                           00420
   10 CONTINUE                                                           00430
C                                                                        00440
C     DO 1718 IK=1,8                                                     00450
C     WRITE (6,1719)((COSTUB(IJ,IL,IK),IJ=1,5),IL=1,4),((ACSTUB(IJ,IL,IK 00460
C    X ),IJ=1,8),IL=1,8)                                                 00470
C1718 CONTINUE                                                           00480
 1719 FORMAT (1H ,15X,4(5A1,1X),3X,8(8A1,1X))                           00490
      RETURN                                                             00500
      END                                                                00510
```

```
      SUBROUTINE YPTOUT (NRB,SIGN1,SIGN2,SIGN3,SIGN4,SIGN5,ORGTAB,RSLTAB   00000
     X ,LACT,DIFF,IG)                                                      00010
      COMMON N, M, IMP, LRUL, IELS, NSMAX, M8, IELR, NUM                   00020
      COMMON CONRY (20,8), ACTRY (64,8)                                    00030
      COMMON COSTUB (5,4,8), ACSTUB (8,8,8)                               00040
      COMMON ERCOND(20,128), ERACT(8,128), IMPOSS(20,128), ELSE(20,128)    00050
      COMMON CONDIT (3,256), ACTION (8,256), SUBELS (256)          .   00000060
      COMMON FINIT,SPLIT,CONSIS,ELDASH,REDUND                         00000070
      REAL CONRY, ACTRY, COSTUB, ACSTUB                                    00080
      INTEGER ERACT, ACTION, CONDIT, SUBELS                                00090
      INTEGER*2 ERCOND, IMPOSS, ELSE                                       00100
      LOGICAL FINIT,SPLIT,CONSIS,ELDASH,REDUND                        00000110
      REAL CUOUT (5,4), ACOUT (8,8)                                        00120
      INTEGER ITITLE (14)                                                  00130
      INTEGER*2 DIGT (8)                                                   00140
      LOGICAL ORGTAB, RSLTAB, LACT, DIFF                                   00150
                                                                           00160
C     **********************************************************************   00170
C                        ORGTAB  RSLTAB  LACT  DIFF  SPLIT                  00180
C                                                                          00190
C     ORIGINAL ELSE-TABLE              Y       N      N     N     N         00200
C     ELSE, NUM = IELS                                                     00210
C     UNSPLITTED, RESULTING ELSE-TAB   N       Y      N     N     N         00220
C     SUBELS, NUM = IELR                                                   00230
C     ORIGINAL IMPOSS-TABLE            Y       N      N     Y     N         00240
C     IMPOSS, NUM = IMP                                                    00250
C     ORIGINAL ELEMENTARY-RULE TABLE   Y       N      Y     N     N         00260
C     ERCOND, ERACT, NUM = LRUL,  M8                                       00270
C     UNSPLITTED, RESULT, FINAL TABLE  N       Y      Y     Y     N         00280
C     CONDIT, ACTION, NUM=NUM  M8                                          00290
C     SPLITTED ELSE-TABLE              N       Y      N     -     Y         00300
C     SUBELS, NUM = IELR                                                   00310
C     SPLITTED SUBTABLE                N       Y      Y     -     Y         00320
C     CONDIT, ACTION , NUM = NUM    M8                                     00330
```

```
C     **************************************************************    00340
C                                                                      00350
      FINIT = .FALSE.                                                  00360
C     WRITE (6,2201) N,M,M8,IMP,LRUL,IELS,NSMAX,IELR,NUM               00370
 2201 FORMAT (4H N =,I3,4X,4H M =,I3,4X,5H M8 =,I3,4X,6H IMP =,I3,4X,   00380
     X 7H LRUL =,I3,4X,7H IELS =,I3,4X,8H NSMAX =,I3,4X,7H IELR =,I3,4X,00390
     X 5H NUM =,I3)                                                    00400
      WRITE (6,2207)                                                   00410
 2207 FORMAT (1H ,/)                                                   00420
C     WRITE (6,2208)                                                   00430
C2208 FORMAT (16H IMPOSSIBILITIES,/)                                   00440
C     DO 701 I = 1,IMP                                                 00450
C     WRITE (6,2202) I, (IMPOSS(K,I),K=1,N)                            00460
C2202 FORMAT (9H IMPO-NR.,I3,4X,20I1)                                  00470
C701  CONTINUE                                                         00480
C     WRITE (6,2207)                                                   00490
C     WRITE (6,2209)                                                   00500
C2209 FORMAT (17H ELEMENTARY-RULES,/)                                  00510
C     DO 702 I = 1,LRUL                                                00520
C     WRITE (6,2203) I, (ERCOND(K,I),K=1,20), (ERACT(K,I),K=1,M8)      00530
C2203 FORMAT (9H LRUL-NR.,I3,4X,20I1,4X,8I8)                           00540
C702  CONTINUE                                                         00550
C     WRITE (6,2207)                                                   00560
C     WRITE (6,2210)                                                   00570
C2210 FORMAT (11H ELSE-RULES,/)                                        00580
C     DO 703 I = 1,IELS                                                00590
C     WRITE (6,2204) I, (ELSE(K,I),K=1,N)                             00600
C2204 FORMAT (9H IELS-NR.,I3,4X,20I1)                                  00610
C703  CONTINUE                                                         00620
C     WRITE (6,2207)                                                   00630
C     WRITE (6,2211)                                                   00640
C2211 FORMAT (13H SUBELS-TABLE,/)                                      00650
C     DO 704 I =1,IELR                                                 00660
C     WRITE (6,2205) I, SUBELS (I)                                     00670
```

```
C2205 FORMAT (9H IELR-NR.,I3,4X,I8)                                          00680
C704   CONTINUE                                                             00690
C      WRITE (6,2207)                                                       00700
C      WRITE (6,2212)                                                       00710
C2212 FORMAT (15H CONDIT, ACTION,/)                                         00720
C      DO 705 I = 1, NUM                                                    00730
C      WRITE (6,2206) I, CONDIT (1,I), (ACTION(K,I),K=1,M8)            00000740
C2206 FORMAT (9H RULE-NR.,I3,4X,I8,4X,8I8)                                  00750
C705   CONTINUE                                                             00760
       IF ((.NOT.ORGTAB.OR..NOT.RSLTAB).AND.(ORGTAB.OR.RSLTAB)) GOTO 1 00000780
       FINIT = .TRUE.                                                       00790
       GOTO 9999                                                           00800
   1   CONTINUE                                                             00810
       IF (.NOT.ORGTAB.OR..NOT.SPLIT) GOTO 1001                            00820
       FINIT = .TRUE.                                                       00830
       GOTO 9999                                                           00840
 1001 CONTINUE                                                             00850
       IF (SPLIT) GOTO 2                                                   00860
       IF (LACT) GOTO 3                                                    00870
       IF (DIFF) GOTO 4                                                    00880
       IF (RSLTAB) GOTO 4711                                              00890
C      ELSE-TABLE  --  UNSPLITTED   ORIGINAL TABLE                         00900
       IS = 0                                                              00910
       DO 10 I =1,NM8                                                      00920
       DO 11 J = 1,4                                                       00930
       DO 12 K = 1,5                                                       00940
       IN = (J-1)*5 + K                                                    00950
       IF (IN.LE.N) GOTO 13                                                00960
       CONDT (K,J) = SIGN1                                                 00970
       GOTO 12                                                            00980
  13   CONTINUE                                                            00990
       LL = ELSE (IN,I)                                                    01000
       IF (LL.NE.1.AND.LL.NE.3) GOTO 14                                    01010
       CONDT (K,J) = SIGN2                                                 01020
```

```
         GOTO 12                                                     01030
  14     CONTINUE                                                    01040
         IF (LL.NE.0.AND.LL.NE.4) GOTO 15                            01050
         COOUT (K,J) = SIGN3                                         01060
         GOTO 12                                                     01070
  15     CONTINUE                                                    01080
         IF (LL.NE.2) GOTO 16                                        01090
         COOUT (K,J) = SIGN4                                         01100
         GOTO 12                                                     01110
  16     CONTINUE                                                    01120
         WRITE (6,100)                                               01130
 100     FORMAT (27H BREAK..OUTPUT-CONDIT-ERROR)                     01140
         FINIT = .TRUE.                                              01150
         GOTO 9999                                                   01160
  12     CONTINUE                                                    01170
  11     CONTINUE                                                    01180
         WRITE (6,101) I,((COOUT(IK,IJ),IK=1,5),IJ=1,4)             01190
 101     FORMAT (9H ELSE-NR.,I3,4X,4(5A1,1X))                        01200
         IS = IS + 1                                                 01210
         IF (IS.NE.4) GOTO 10                                        01220
         IS = 0                                                      01230
         WRITE (6,7878)                                              01240
7878     FORMAT (1H )                                                01250
  10     CONTINUE                                                    01260
         GOTO 9999                                                   01270
4711     CONTINUE                                                    01280
C        ELSE-CASES -- UNSPLITTED        RESULTING TABLE             01290
         IS = 0                                                      01300
         WRITE (6,2217)                                            00001310
2217     FORMAT (3H   )                                            00001320
         DO 1718 IK = 1,8                                          00001330
         WRITE (6,1719)((COSTUB(IJ,IL,IK),IJ=1,5),IL=1,4)         00001340
1718     CONTINUE                                                 00001350
         WRITE (6,2217)                                           00001360
```

```
 1719 FORMAT (1H ,15X,4(5A1,1X),3X,8(8A1,1X))             00001370
      DO 1010 I = 1,NMB                                   01380
      LL = SUBELS (I)                                     01390
C     WRITE (6,7071) I, LL                                01400
 7071 FORMAT (11H INDEX  I =,I3,4X,I8)                    01410
      CALL YDIGIT (N,LL,DIGT)                             01420
      DO 1111 J = 1,4                                     01430
      DO 1212 K = 1,5                                     01440
      IN = (J-1)*5 + K                                    01450
      IF (IN.LE.N) GOTO 1313                              01460
      COOUT (K,J) = SIGN1                                 01470
      GOTO 1212                                           01480
 1313 CONTINUE                                            01490
      INN = IN - NSS                                      01500
C     WRITE (6,7072) INN, DIGT (INN)                      01510
 7072 FORMAT (6H INN =,I3,4X,12H DIGT(INN) =,I3,4X,22H TESTOUTPUT TESTOU  01520
     XTPUT)                                               01530
      LL = DIGT (INN)                                     01540
      IF (LL.NE.1) GOTO 1414                              01550
      COOUT (K,J) = SIGN2                                 01560
      GOTO 1212                                           01570
 1414 CONTINUE                                            01580
      IF (LL.NE.0) GOTO 1515                              01590
      COOUT (K,J) = SIGN3                                 01600
      GOTO 1212                                           01610
 1515 CONTINUE                                            01620
      IF (LL.NE.2) GOTO 1616                              01630
      COOUT (K,J) = SIGN4                                 01640
      GOTO 1212                                           01650
 1616 CONTINUE                                            01660
      WRITE (6,100)                                       01670
      FINIT = .TRUE.                                      01680
      GOTO 9999                                           01690
 1212 CONTINUE                                            01700
```

```
1111 CONTINUE                                                          01710
     WRITE (6,107) I,((COOUT(IK,IJ),IK=1,3),IJ=1,4)                    01720
107  FORMAT (9H UCCS-NR.,I3,4X,4(5A1,1X))                              01730
     IS = IS + 1                                                       01740
     IF (IS.NE.4) GOTO 1010                                            01750
     IS = 0                                                            01760
     WRITE (6,7878)                                                    01770
1010 CONTINUE                                                          01780
     GOTO 9999                                                         01790
4    CONTINUE                                                          01800
C    IMPOSS -- ORIGINAL TABLE                                          01810
     IS = 0                                                            01820
     WRITE (6,2217)                                                  00001830
     DO 1720 IK = 1,8                                                00001840
     WRITE (6,1719)((COSTUB(IJ,IL,IK),IJ=1,5),IL=1,4)               00001850
1720 CONTINUE                                                        00001860
     WRITE (6,2217)                                                  00001870
     DO 20 I = 1,NMB                                                   01880
     DO 21 J = 1,4                                                     01890
     DO 22 K = 1,5                                                     01900
     IN = (J-1)*5 + K                                                  01910
     IF (IN.LE.N) GOTO 23                                              01920
     COOUT (K,J) = SIGN1                                               01930
     GOTO 22                                                           01940
23   CONTINUE                                                          01950
     LL = IMPOSS (IN,I)                                                01960
     IF (LL.NE.1.AND.LL.NE.3) GOTO 24                                  01970
     COOUT (K,J) = SIGN2                                               01980
     GOTO 22                                                           01990
24   CONTINUE                                                          02000
     IF (LL.NE.0.AND.LL.NE.4) GOTO 25                                  02010
     COOUT (K,J) = SIGN3                                               02020
     GOTO 22                                                           02030
25   CONTINUE                                                          02040
```

```
      IF (LL.NE.2) GOTO 26                                           02050
      CODUT (K,J) = SIGN4                                            02060
      GOTO 22                                                        02070
   26 CONTINUE                                                       02080
      WRITE (6,100)                                                  02090
      FINIT = .TRUE.                                                 02100
      GOTO 9999                                                      02110
   22 CONTINUE                                                       02120
   21 CONTINUE                                                       02130
      WRITE (6,102) I,((CODUT(IK,IJ),IK=1,5),IJ=1,4)                 02140
  102 FORMAT (9H IMPD-NR.,I3,4X,4(5A1,1X))                           02150
      IS = IS + 1                                                    02160
      IF (IS.NE.4) GOTO 20                                           02170
      IS = 0                                                         02180
      WRITE (6,7878)                                                 02190
   20 CONTINUE                                                       02200
      GOTO 9999                                                      02210
    3 CONTINUE                                                       02220
      IF (DIFF) GOTO 5                                               02230
C     ERCOND, ERACT -- ORIGINAL ELEMENTARY-TABLE                     02240
      IS = 0                                                         02250
      WRITE (6,2217)                                               00002260
      DO 1721 IK = 1,8                                             00002270
      WRITE (6,1719)((CDSTUB(IJ,IL,IK),IJ=1,5),IL=1,4),((ACSTUB(IJ,IL,IK00002280
     X ),IJ=1,8),IL=1,8)                                           00002290
 1721 CONTINUE                                                     00002300
      WRITE (6,2217)                                               00002310
      DO 30 I = 1,NMB                                                02320
      DO 31 J = 1,4                                                  02330
      DO 32 K = 1,5                                                  02340
      IV = (J-1)*5 + K                                               02350
      IF (IV.LE.N) GOTO 33                                           02360
      CODUT (K,J) = SIGN1                                            02370
      GOTO 32                                                        02380
```

```
33      CONTINUE                                                02390
        LL = ERCOND (IN,I)                                      02400
        IF (LL.NE.1.AND.LL.NE.3) GOTO 34                        02410
        COOUT (K,J) = SIGN2                                     02420
        GOTO 32                                                 02430
34      CONTINUE                                                02440
        IF (LL.NE.0.AND.LL.NE.4) GOTO 35                        02450
        COOUT (K,J) = SIGN3                                     02460
        GOTO 32                                                 02470
35      CONTINUE                                                02480
        IF (LL.NE.2) GOTO 36                                    02490
        COOUT (K,J) = SIGN4                                     02500
        GOTO 32                                                 02510
36      CONTINUE                                                02520
        WRITE (6,100)                                           02530
        FINIT = .TRUE.                                          02540
        GOTO 9999                                               02550
32      CONTINUE                                                02560
31      CONTINUE                                                02570
        DO 37 J = 1,M8                                          02580
        LL = ERACT (J,I)                                        02590
        IXPO = 100000000                                        02600
        IA = 0                                                  02610
38      IXPO = IXPO/10                                          02620
        IA = IA + 1                                             02630
        IM = (J-1)*8 + IA                                       02640
        IF (IM.LE.N) GOTO 39                                    02650
        ACOUT (IA,J) = SIGN1                                    02660
        IF (IA.LT.8) GOTO 38                                    02670
        GOTO 37                                                 02680
39      CONTINUE                                                02690
        IF (LL.GE.IXPO) GOTO 391                                02700
        ACOUT (IA,J) = SIGN4                                    02710
        IF (IA.LT.8) GOTO 38                                    02720
```

```
         GOTO 37                                                          02730
 391     CONTINUE                                                         02740
         ACOUT (IA,J) = SIGN5                                             02750
         LL = LL - IXPO                                                   02760
         IF (IA.LT.8) GOTO 38                                            02770
  37     CONTINUE                                                         02780
         WRITE (6,103)I,((COOUT(IK,IJ),IK=1,5),IJ=1,4),((ACOUT(IK,IJ),IK=1, 02790
     X 8),IJ=1,M8)                                                        02800
 103     FORMAT (9H LRUL-NR.,I3,4X,4(5A1,1X),3X,8(8A1,1X))                02810
         IS = IS + 1                                                      02820
         IF (IS.NE.4) GOTO 30                                            02830
         IS = 0                                                          02840
         WRITE (6,7878)                                                   02850
  30     CONTINUE                                                         02860
         GOTO 9999                                                        02870
   5     CONTINUE                                                         02880
C        COMDIT - ACTION -- UNSPLITTED                                    02890
         IS = 0                                                          02900
         WRITE (6,2217)                                                 00002910
         DO 1722 IK = 1,8                                               00002920
         WRITE (6,1719)((COSTUB(IJ,IL,IK),IJ=1,5),IL=1,4),((ACSTUB(IJ,IL,IK 00002930
     X ),IJ=1,8),IL=1,8)                                               00002940
1722     CONTINUE                                                      00002950
         WRITE (6,2217)                                               00002960
         DO 40 I = 1,NMR                                                  02970
         LL = CONDIT (1,I)                                             00002980
C        WRITE (6,7071) I, LL                                            02990
         CALL YDIGIT (N,LL,DIGT)                                         03000
         DO 41 J = 1,4                                                   03010
         DO 42 K = 1,5                                                   03020
         IN = (J-1)*5 + K                                               03030
         IF (IN.LE.N) GOTO 43                                           03040
         COOUT (K,J) = SIGN1                                            03050
         GOTO 42                                                        03060
```

```
43      CONTINUE                                03070
        INN = IV - NSS                          03080
C       WRITE (6,7072) INN, DIGT (INN)          03090
        LL = DIGT (INN)                         03100
        IF (LL.NE.1) GOTO 44                     03110
        CODJT (K,J) = SIGN2                     03120
        GOTO 42                                  03130
44      CONTINUE                                03140
        IF (LL.NE.2) GOTO 45                     03150
        CODJT (K,J) = SIGN3                     03160
        GOTO 42                                  03170
45      CONTINUE                                03180
        IF (LL.NE.2) GOTO 46                     03190
        CODJT (K,J) = SIGN4                     03200
        GOTO 42                                  03210
46      CONTINUE                                03220
        WRITE (6,100)                           03230
        FINIT = .TRUE.                          03240
        GOTO 9999                               03250
42      CONTINUE                                03260
41      CONTINUE                                03270
        DO 47 J = 1,M3                          03280
        LL = ACTION (J,I)                       03290
        IXPJ = 100000000                        03300
        IA = 0                                  03310
48      IXPJ = IXPJ/10                          03320
        IA = IA + 1                             03330
        IM = (J-1)*R + IA                       03340
        IF (IM.LE.4) GOTO 49                     03350
        ACDJT (IA,J) = SIGN1                    03360
        IF (IA.LT.8) GOTO 48                     03370
        GOTO 47                                  03380
49      CONTINUE                                03390
        IF (LL.GE.IXPD) GOTO 491                 03400
```

```
      ACOUT (IA,J) = SIGN4                                            03410
      IF (IA.LT.8) GOTO 48                                            03420
      GOTO 47                                                         03430
  491 CONTINUE                                                        03440
      ACOUT (IA,J) = SIGN5                                            03450
      LL = LL - IXPO                                                  03460
      IF (IA.LT.8) GOTO 48                                            03470
   47 CONTINUE                                                        03480
      WRITE (6,104) I,((COOUT(IK,IJ),IK=1,5),IJ=1,4),((ACOUT(IK,IJ),IK= 03490
     X 1,8),IJ=1,M8)                                                  03500
  104 FORMAT (9H RULE-NR.,I3,4X,4(5A1,1X),3X,8(8A1,1X))               03510
      IS = IS + 1                                                     03520
      IF (IS.NE.4) GOTO 40                                           03530
      IS = 0                                                          03540
      WRITE (6,7878)                                                  03550
   40 CONTINUE                                                        03560
      GOTO 9999                                                       03570
    2 CONTINUE                                                        03580
C     PROCESSING OF SPLITTED TABLES   ******************************** 03590
      NS = N-NSMAX+1                                                  03600
      NSS = NS - 1                                                    03610
      JA = NS/5                                                       03620
      KA = NS-JA*5                                                    03630
      IF (KA.GT.0) JA = JA + 1                                        03640
      IQ = IG                                                         03650
      IL = NS                                                         03660
   76 IC = IQ/2                                                       03670
      IL = IL - 1                                                     03680
      ITITLE (IL) = IQ - 2*IC                                         03690
      IQ = IC                                                         03700
      IF (IC.GT.0) GOTO 76                                            03710
      IF (IL.EQ.1) GOTO 79                                            03720
      IJ = IL - 1                                                     03730
      DO 77 IL = 1,IJ                                                 03740
```

```
 77     ITITLE (IL) =0                                        03750
 79     CONTINUE                                              03760
        IF (LACT) GOTO 6                                      03770
C       ELSE-CASES -- SPLITTED                                03780
        IS = 0                                                03790
        WRITE (6,2217)                                      00003800
        DO 1723 IK = 1,8                                    00003810
        WRITE (6,1719)((COSTUB(IJ,IL,IK),IJ=1,5),IL=1,4)   00003820
 1723 CONTINUE                                              00003830
        WRITE (6,2217)                                     00003840
        DO 50 I = 1,NMB                                       03850
        DO 80 J = 1,4                                         03860
        DO 81 K = 1,5                                         03870
        IN = (J-1)*5 + K                                      03880
        IF (IN.EQ.NS) GOTO 83                                 03890
        IF (IS.EQ.0) GOTO 8283                                03900
        COOUT (K,J) = SIGN1                                   03910
        GOTO 81                                               03920
 8283 CONTINUE                                                03930
        LL = ITITLE (IN)                                      03940
        IF (LL.NE.1) GOTO 82                                  03950
        COOUT (K,J) = SIGN2                                   03960
        GOTO 81                                               03970
 82     CONTINUE                                              03980
        COOUT (K,J) = SIGN3                                   03990
 81     CONTINUE                                              04000
 80     CONTINUE                                              04010
 83     CONTINUE                                              04020
                                                              04030
C                                                             04040
        LL = SUBELS (I)                                       04050
C       WRITE (6,7071) I, LL                               00004060
        CALL YDIGIT (NSMAX,LL,DIGT)                           04070
        K = KA - 1                                            04080
        DO 51 J = JA,4
```

```
5151  K = K + 1                                              04090
      IN = (J-1)*5 + K                                       04100
      IF (IN.LE.N) GOTO 53                                   04110
      COOUT (K,J) = SIGN1                                    04120
      GOTO 52                                                04130
53    CONTINUE                                               04140
      INN = IN - NSS                                         04150
C     WRITE (6,7072) INN, DIGT (INN)                         04160
      LL = DIGT (INN)                                        04170
      IF (LL.NE.1) GOTO 54                                   04180
      COOUT (K,J) = SIGN2                                    04190
      GOTO 52                                                04200
54    CONTINUE                                               04210
      IF (LL.NE.0) GOTO 55                                   04220
      COOUT (K,J) = SIGN3                                    04230
      GOTO 52                                                04240
55    CONTINUE                                               04250
      IF (LL.NE.2) GOTO 56                                   04260
      COOUT (K,J) = SIGN4                                    04270
      GOTO 52                                                04280
56    CONTINUE                                               04290
      WRITE (6,100)                                          04300
      FINIT = .TRUE.                                         04310
      GOTO 9999                                              04320
52    CONTINUE                                               04330
      IF (K.NE.5) GOTO 5151                                  04340
      K = 0                                                  04350
51    CONTINUE                                               04360
      WRITE (6,105) I,((COOUT(IK,IJ),IK=1,5),IJ=1,4)         04370
105   FORMAT (9H SBEL-NR.,I3,4X,4(5A1,1X))                   04380
      IF (IS.NE.3) GOTO 5152                                 04390
      WRITE (6,7878)                                         04400
      IS = 0                                                 04410
      GOTO 50                                                04420
```

```
 5152 CONTINUE                                                             04430
      IS = IS + 1                                                          04440
 50      CONTINUE                                                          04450
         GOTO 9999                                                         04460
 6       CONTINUE                                                          04470
C        CONDIT-ACTION -- SPLITTED (SUBTABLE)                              04480
         IS = 0                                                            04490
         WRITE (6,2217)                                                00004500
         DO 1724 IK = 1,8                                              00004510
         WRITE (6,1719)((COSTUB(IJ,IL,IK),IJ=1,5),IL=1,4),((ACSTUB(IJ,IL,IK00004520
     X ),IJ=1,8),IL=1,8)                                               00004530
 1724 CONTINUE                                                         00004540
         WRITE (6,2217)                                                00004550
         DO 60 I = 1,NMB                                                   04560
         DO 90 J = 1,4                                                     04570
         DO 91 K = 1,5                                                     04580
         IN = (J-1)*5 + K                                                  04590
         IF (IN.EQ.NS) GOTO 93                                             04600
         IF (IS.EQ.0) GOTO 9293                                            04610
         COOUT (K,J) = SIGN1                                               04620
         GOTO 91                                                           04630
 9293 CONTINUE                                                             04640
         LL = ITITLE (IN)                                                  04650
         IF (LL.NE.1) GOTO 92                                              04660
         COOUT (K,J) = SIGN2                                               04670
         GOTO 91                                                           04680
 92      CONTINUE                                                          04690
         COOUT (K,J) = SIGN3                                               04700
 91      CONTINUE                                                          04710
 90      CONTINUE                                                          04720
 93      CONTINUE                                                          04730
C                                                                          04740
         LL = CONDIT (1,1)                                             00004750
C        WRITE (6,7071) I, LL                                              04760
```

```
      CALL YDIGIT (NSMAX,LL,DIGT)                    00004770
      K = KA - 1                                       04780
      DO 61 J = JA,4                                   04790
 6161 K = K + 1                                        04800
      IN = (J-1)*5 + K                                 04810
      IF (IN.LE.N) GOTO 63                             04820
      COOUT (K,J) = SIGN1                              04830
      GOTO 62                                          04840
   63 CONTINUE                                         04850
      INN = IN - NSS                                   04860
C     WRITE (6,7072) INN, DIGT (INN)                   04870
      LL = DIGT (INN)                                  04880
      IF (LL.NE.1) GOTO 64                             04890
      COOUT (K,J) = SIGN2                              04900
      GOTO 62                                          04910
   64 CONTINUE                                         04920
      IF (LL.NE.0) GOTO 65                             04930
      COOUT (K,J) = SIGN3                              04940
      GOTO 62                                          04950
   65 CONTINUE                                         04960
      IF (LL.NE.2) GOTO 66                             04970
      COOUT (K,J) = SIGN4                              04980
      GOTO 62                                          04990
   66 CONTINUE                                         05000
      WRITE (6,100)                                    05010
      FINIT = .TRUE.                                   05020
      GOTO 9999                                        05030
   62 CONTINUE                                         05040
      IF (K.NE.5) GOTO 6161                            05050
      K = 0                                            05060
   61 CONTINUE                                         05070
      DO 681 J = 1,M8                                  05080
      LL = ACTION (J,I)                                05090
      IXPO = 100000000                                 05100
```

```
          IA = 0
682       IXPO = IXPO/10
          IA = IA + 1
          IM = (J-1)*8 + IA
          IF (IM.LE.M) GOTO 683
          ACOUT (IA,J) = SIGN1
          IF (IA.LT.8) GOTO 682
          GOTO 681
683       CONTINUE
          IF (LL.GE.IXPO) GOTO 684
          ACOUT (IA,J) = SIGN4
          IF (IA.LT.8) GOTO 682
          GOTO 681
684       CONTINUE
          ACOUT (IA,J) = SIGN5
          LL = LL - IXPO
          IF (IA.LT.8) GOTO 682
681       CONTINUE
          WRITE (6,106)I,((COOUT(IK,IJ),IK=1,5),IJ=1,4),((ACOUT(IK,IJ),IK=
        X 1,8),IJ=1,M8)
106       FORMAT (9H SBRL-NR.,I3,4X,4(5A1,1X),3X,8(8A1,1X))
          IF (IS.NE.3) GOTO 6162
          WRITE (6,7878)
          IS = 0
          GOTO 60
6162      CONTINUE
          IS = IS + 1
60        CONTINUE
9999      RETURN
          END
```

05110
05120
05130
05140
05150
05160
05170
05180
05190
05200
05210
05220
05230
05240
05250
05260
05270
05280
05290
05300
05310
05320
05330
05340
05350
05360
05370
05380
05390
05400

```
      SUBROUTINE VDTREC (SIGN1,SIGN2,SIGN3,SIGN4,SIGN5,TABCHK)          00000000
      COMMON N, M, IMP, LRUL, IELS, NSMAX, M8, IELR, NUM                00010
      COMMON CONRY (20,8), ACTRY (64,8)                                 00020
      COMMON COSTUB (5,4,8), ACSTUB (8,8,8)                             00030
      COMMON ERCOND(20,128), ERACT(8,128), IMPOSS(20,128), ELSE(20,128) 00040
      COMMON CONDIT (3,256), ACTION (8,256), SUBELS (256)               00050
      COMMON BREAK,SPLIT,CONSIS,ELDASH,REDUND                           00000060
      REAL CONRY, ACTRY, COSTUB, ACSTUB                                 00070
      INTEGER ERACT, ACTION, CONDIT, SUBELS                             00080
      INTEGER*2 ERCOND, IMPOSS, ELSE                                    00090
      LOGICAL BREAK,SPLIT,CONSIS,ELDASH,REDUND                          00000100
C     COMMON N, M, IMP, LRUL, IELS, NSMAX, M8, IELR, NUM                00110
C     COMMON CONRY (20,8), ACTRY (64,8)                                 00120
C     COMMON COSTUB (5,4,8), ACSTUB (8,8,8)                             00130
C     COMMON ERCOND(20,128), ERACT(8,128), IMPOSS(20,128), ELSE(20,128) 00140
C     COMMON CONDIT (3,256), ACTION (8,256), SUBELS (256)               00150
C     COMMON BREAK,SPLIT,CONSIS,ELDASH,REDUND                           00000160
C     REAL CONRY, ACTRY, COSTUB, ACSTUB                                 00170
C     INTEGER ERACT, ACTION, CONDIT, SUBELS                             00180
C     INTEGER*2 ERCOND, IMPOSS, ELSE                                    00190
C     LOGICAL BREAK,SPLIT,CONSIS,ELDASH,REDUND                          00000200
C     MAXIMAL NUMBER OF RULES IS 128, MAXIMAL NUMBER OF CONDITIONS IS 20 00210
      LOGICAL LLR, LIM, LEL, TABCHK                                     00220
      LOGICAL ORGTAB,RSLTAB,LACT,DIFF                                   00230
      ORGTAB = .TRUE.                                                   00240
      RSLTAB = .FALSE.                                                  00250
      SPLIT = .FALSE.                                                   00000260
C                                                                       00270
      IF (TABCHK) GOTO 9997                                             00280
C                                                                       00290
      WRITE (6, 4715)                                                   00300
 4715 FORMAT (1H ,/,34H REDUNDANCY CHECK OF ELEMENTARY-DT,/)            00310
      LLR = .TRUE.                                                      00320
      LIM = .FALSE.                                                     00330
```

```
      LEL = .FALSE.
      CALL YDISJN (N,M,ERCOND,ERCOND,LRUL,LRUL,ERACT,LLR,LIM,LEL,BREAK,     00340
     X              TABCHK)                                                  00350
      IF (BREAK) GOTO 9999                                                   00360
      WRITE (6,7001)                                                         00370
 7001 FORMAT (37H ELMENTARY-DT IS CONSISTENT IN ITSELF,/)                    00380
 4711 FORMAT (3H   )                                                         00390
      LACT = .TRUE.                                                          00400
      DIFF = .FALSE.                                                         00410
      IG = 0                                                                 00420
      CALL YDTOUT (LRUL,SIGN1,SIGN2,SIGN3,SIGN4,SIGN5,ORGTAB,RSLTAB,         00430
     X LACT,DIFF,IG)                                                         00440
C                                                                            00450
      IF (IMP.EQ.0.AND.IELS.EQ.0) GOTO 9999                                  00460
      IF (IMP.EQ.0) GOTO 1                                                   00470
      WRITE (6, 4716)                                                        00480
 4716 FORMAT (1H ,/,30H REDUNDANCY CHECK OF IMPOSS-DT,/)                     00490
      LLR = .FALSE.                                                          00500
      LIM = .TRUE.                                                           00510
      LEL = .FALSE.                                                          00520
C                                                                            00530
      CALL YDISJN(N,M,IMPOSS,IMPOSS,IMP,IMP,ERACT,LLR,LIM,LEL,BREAK,         00540
     X              TABCHK)                                                  00550
      IF (BREAK) GOTO 9999                                                   00560
      WRITE (6,7002)                                                         00570
 7002 FORMAT (34H IMPOSS-DT IS CONSISTENT IN ITSELF,/)                       00580
      LACT = .FALSE.                                                         00590
      DIFF = .TRUE.                                                          00600
      IG = 0                                                                 00610
      CALL YDTOUT (IMP ,SIGN1,SIGN2,SIGN3,SIGN4,SIGN5,ORGTAB,RSLTAB,         00620
     X LACT,DIFF,IG)                                                         00630
    1 CONTINUE                                                               00640
C                                                                            00650
      IF (IELS.EQ.0) GOTO 2                                                  00660
                                                                             00670
```

```
      WRITE (6, 4717)                                                   00680
 4717 FORMAT (1H ,/,28H REDUNDANCY CHECK OF ELSE-OT,/)                  00690
      LLR = .FALSE.                                                     00700
      LIM = .FALSE.                                                     00710
      LEL = .TRUE.                                                      00720
      CALL YDISJM(N,M,ELSE,ELSE,IELS,IELS,ERACT,LLR,LIM,LEL,BREAK,      00730
     X              TABCHK)                                             00740
      IF (BREAK) GOTO 9999                                              00750
      WRITE (6,7003)                                                    00760
 7003 FORMAT (32H ELSE-OT IS CONSISTENT IN ITSELP,/)                    00770
      LACT = .FALSE.                                                    00780
      DIFF = .FALSE.                                                    00790
      IG = 0                                                            00800
      CALL YOTOUT (IELS,SIGN1,SIGN2,SIGN3,SIGN4,SIGN5,ORGTAB,RSLTAB,    00810
     X LACT,DIFF,IG)                                                    00820
    2 CONTINUE                                                          00830
C                                                                       00840
      IF (IMP.EQ.0.OR.IELS.EQ.0) GOTO 3                                 00850
      WRITE (6, 4718)                                                   00860
 4718 FORMAT (1H ,/,31H CONSISTENCE CHECK..IMPOSS-ELSE,/)               00870
      LLR = .FALSE.                                                     00880
      LIM = .TRUE.                                                      00890
      LEL = .TRUE.                                                      00900
      CALL YDISJM(N,M,IMPOSS,ELSE,IMP,IELS,ERACT,LLR,LIM,LEL,BREAK,     00910
     X              TABCHK)                                             00920
      IF (BREAK) GOTO 9999                                              00930
      WRITE (6,7004)                                                    00940
 7004 FORMAT (42H IMPOSS-ELSE-OTS ARE FREE OF CONTRADICTION,/)          00950
      LACT = .FALSE.                                                    00960
      DIFF = .TRUE.                                                     00970
      IG = 0                                                            00980
      CALL YOTOUT (IMP ,SIGN1,SIGN2,SIGN3,SIGN4,SIGN5,ORGTAB,RSLTAB,    00990
     X LACT,DIFF,IG)                                                    01000
      LACT = .FALSE.                                                    01010
```

```
      DIFF = .FALSE.                                            01020
      IG = 0                                                    01030
      CALL YUTOUT (IELS,SIGN1,SIGN2,SIGN3,SIGN4,SIGN5,ORGTAB,RSLTAB,  01040
     X LACT,DIFF,IG)                                            01050
    3 CONTINUE                                                  01060
C                                                               01070
      IF (IELS.EQ.0) GOTO 4                                     01080
      WRITE (6, 4719)                                           01090
 4719 FORMAT (1H ,/,29H CONSISTENCE CHECK..LRUL=ELSE,/)         01100
      LLR = .TRUE.                                              01110
      LIM = .FALSE.                                             01120
      LEL = .TRUE.                                              01130
      CALL YDISJN(N,M,ERCOND,ELSE,LRUL,IELS,ERACT,LLR,LIM,LEL,BREAK,  01140
     X             TABCHK)                                      01150
      IF (BREAK) GOTO 9999                                      01160
      WRITE (6,7005)                                            01170
 7005 FORMAT (46H ELEMENTARY-ELSE-DTS ARE FREE OF CONTRADICTION,/)  01180
      LACT = .TRUE.                                             01190
      DIFF = .FALSE.                                            01200
      IG = 0                                                    01210
      CALL YUTOUT (LRUL,SIGN1,SIGN2,SIGN3,SIGN4,SIGN5,ORGTAB,RSLTAB,  01220
     X LACT,DIFF,IG)                                            01230
      LACT = .FALSE.                                            01240
      DIFF = .FALSE.                                            01250
      IG = 0                                                    01260
      CALL YUTOUT (IELS,SIGN1,SIGN2,SIGN3,SIGN4,SIGN5,ORGTAB,RSLTAB,  01270
     X LACT,DIFF,IG)                                            01280
    4 CONTINUE                                                  01290
      IF (IMP.EQ.0) GOTO 9999                                   01310
      WRITE (6, 4720)                                           01320
 4720 FORMAT (1H ,/,31H CONSISTENCE CHECK..LRUL-IMPOSS,/)       01330
      LLR = .TRUE.                                              01340
      LIM = .TRUE.                                              01350
      LEL = .FALSE.                                             01360
```

```
      CALL YDISJN(N,M,ERCOND,IMPOSS,LRUL,IMP,ERACT,LLR,LIM,LEL,BREAK,      01370
     X              TABCHK)                                                01380
      IF (BREAK) GOTO 9999                                                 01390
      WRITE (6,7006)                                                       01400
 7006 FORMAT (48H ELEMENTARY-IMPOSS-DTS ARE FREE OF CONTRADICTION,/)       01410
      LACT = .TRUE.                                                        01420
      DIFF = .FALSE.                                                       01430
      IG = 0                                                               01440
      CALL YDTOUT (LRUL,SIGN1,SIGN2,SIGN3,SIGN4,SIGN5,ORGTAB,RSLTAB,       01450
     X LACT,DIFF,IG)                                                       01460
      LACT = .FALSE.                                                       01470
      DIFF = .TRUE.                                                        01480
      IG = 0                                                               01490
      CALL YDTOUT (IMP ,SIGN1,SIGN2,SIGN3,SIGN4,SIGN5,ORGTAB,RSLTAB,       01500
     X LACT,DIFF,IG)                                                       01510
      GOTO 9999                                                            01520
C                                                                          01530
C     TABLE CHECK ..................                                       01540
 9997 CONTINUE                                                             01550
      WRITE (6, 4721)                                                      01560
 4721 FORMAT (1H ,/,27H TABLE-CHECK..CONDIT/ACTION)                        01570
      WRITE (6, 4722)                                                      01580
 4722 FORMAT (27H REDUNDANCY, CONTRADICTIONS,/)                            01590
      LLR = .FALSE.                                                        01600
      LIM = .FALSE.                                                        01610
      LEL = .FALSE.                                                        01620
      CALL YDISJN (N,M,CONDIT,CONDIT,NUM,NUM,ACTION,LLR,LIM,LEL,BREAK,     01630
     X              TABCHK)                                                01640
      IF (BREAK) GOTO 9999                                              00001650
      ORGTAB = .FALSE.                                                     01660
      RSLTAB = .TRUE.                                                      01670
```

```
      LACT = .TRUE.                                              01680
      DIFF = .TRUE.                                              01690
      SPLIT = .FALSE.                                            01700
      IG = 0                                                     01710
      CALL YOTOUT (NUM,SIGN1,SIGN2,SIGN3,SIGN4,SIGN5,ORGTAB,RSLTAB,  01720
     X LACT,DIFF,IG)                                             01730
 9999 RETURN                                                     01740
      END                                                        01750
```

```
      SUBROUTINE YDISJN (N,M,TAB1,TAB2,NUM1,NUM2,ERACT,LLR,LIM,LEL,     00000
     X BREAK,TABCHK)                                                    00010
      INTEGER*2 TAB1(20,128), TAB2(20,128)                              00020
      INTEGER ERACT (8,128)                                             00030
      LOGICAL LLR,LIM,LEL,LS1,LS2,LS3,LS4,LS5,LS6,LSINGL,LSS,BREAK      00040
      LOGICAL TABCHK                                                    00050
C                                                                       00060
      M8 = M/8                                                          00070
      M88 = M8*8                                                        00080
      IF (M88.LT.M) M8 = M8 + 1                                         00090
C                                                                       00100
      LS1 = LLR.AND..NOT.LIM.AND..NOT.LEL                               00110
      LS2 =LLR.AND.LIM.AND..NOT.LEL                                     00120
      LS3 = LLR.AND..NOT.LIM.AND.LEL                                    00130
      LS4 = .NOT.LLR.AND.LIM.AND..NOT.LEL                               00140
      LS5 = .NOT.LLR.AND.LIM.AND.LEL                                    00150
      LS6 = .NOT.LLR.AND..NOT.LIM.AND.LEL                               00160
      LSINGL = LS1.OR.LS4.OR.LS6                                        00170
C                                                                       00180
      IF (.NOT.LSINGL) GOTO 1                                           00190
      NUM11 = NUM1 - 1                                                  00200
      GOTO 2                                                            00210
    1 CONTINUE                                                          00220
      NUM11 = NUM1                                                      00230
    2 CONTINUE                                                          00240
      DO 10 I = 1,NUM11                                                 00250
      IF (TAB1(1,I).EQ.9) GOTO 10                                       00260
      IF (.NOT.LSINGL) GOTO 3                                           00270
      II = I + 1                                                        00280
      GOTO 4                                                            00290
    3 CONTINUE                                                          00300
      II = 1                                                            00310
    4 CONTINUE                                                          00320
      DO 20 J = II,NUM2                                                 00330
```

```
      IF (TAB2(1,J).EQ.9) GOTO 20                     00340
      IS1 = 0                                         00350
      IS2 = 0                                         00360
      IER1 = 0                                        00370
      IER2 = 0                                        00380
      DO 30 K = 1,N                                   00390
      L = TAB1 (K,I)                                  00400
      LL = TAB2 (K,J)                                 00410
      IF (L.EQ.LL.OR.L.EQ.2.OR.LL.EQ.2) GOTO 5        00420
C     (0,1)(1,0) = (L,LL) INDEPENDENCE                00430
      GOTO 20                                         00440
    5 CONTINUE                                        00450
      IF (L.LE.LL) IER1 = IER1 + 1                    00460
      IF (LL.LE.L) IER2= IER2 + 1                     00470
      IF (L.NE.2.OR.LL.EQ.2) GOTO 7                   00480
C     (2,0)(2,1) = (L,LL)                             00490
      IS1 = IS1 + 1                                   00500
      ICHANG = K                                      00510
      GOTO 30                                         00520
    7 CONTINUE                                        00530
      IF (L.EQ.2.OR.LL.NE.2) GOTO 30                  00540
C     (0,2)(1,2) = (L,LL)                             00550
      IS2 = IS2 + 1                                   00560
      IQCHG = K                                       00570
   30 CONTINUE                                        00580
C                                                     00590
      IF (TABCHK) GOTO 9997                           00600
C                                                     00610
      IF (LSINGL) GOTO 6                              00620
C     NOW..LR-IM(LS2),IM-EL(LS5),LR-EL(LS3)           00630
      IF (.NOT.LS2) GOTO 77                           00640
C     LR-IM                                           00650
C     L=TAB1=LR-ET, LL=TAB2=IM-ET                     00660
      IF (IER1.NE.N) GOTO 8                           00670
```

```
      BREAK = .TRUE.                                            00680
      WRITE (6,100)                                             00690
100   FORMAT (36H CAUTION..IMPOSSIBLE ELEMENTARY-RULE,/)        00700
      WRITE (6,101)I,(TAB1(K,I),K=1,20),(ERACT(K,I),K=1,M8)     00710
101   FORMAT (9H LRUL-NR.,I3,4X,20I1,4X,8(I3,1X))              00720
      WRITE (6,102) J,(TAB2(K,J),K = 1,N)                       00730
102   FORMAT (9H IMPO-NR.,I3,4X,20I1)                          00740
      GOTO 9999                                                 00750
8     CONTINUE                                                  00760
      IF (IER2.EQ.N) GOTO 20                                 00000770
      GOTO 9                                                 00000780
77    CONTINUE                                                  00790
C                                                               00800
      IF (.NOT.LS3) GOTO 13                                     00810
C     LR-EL                                                     00820
C     L=TAB1=LR-ET, LL=TAB2=EL-ET                               00830
      IF (IER1.NE.N) GOTO 14                                    00840
      BREAK = .TRUE.                                            00850
      WRITE (6,104)                                             00860
104   FORMAT (36H CAUTION..IRRELEVANT ELEMENTARY-RULE,/)        00870
      WRITE (6,101)I,(TAB1(K,I),K=1,20),(ERACT(K,I),K=1,M8)     00880
      WRITE (6,105) J, (TAB2(K,J),K=1,N)                        00890
105   FORMAT (9H ELSE-NR.,I3,4X,20I1)                          00900
      GOTO 9999                                                 00910
14    CONTINUE                                                  00920
      IF (IER2.EQ.N) GOTO 20                                 00000930
      GOTO 9                                                 00000940
13    CONTINUE                                                  00950
C                                                               00960
      IF (.NOT.LS5) GOTO 6                                   00000970
C     IM-EL                                                     00980
C     L=TAB1=IM-ET, LL=TAB2=EL-ET                               00990
      IF (IER1.NE.N) GOTO 19                                    01000
      WRITE (6,107)                                             01010
```

```
107    FORMAT (33H ELSE-CASE INCLUDES IMPOSSIBILITY,/)          01020
       WRITE (6,102) I,(TAB1(IK,I),IK=1,N)                      01030
       WRITE (6,105) J,(TAB2(IK,J),IK=1,N)                      01040
       TAB1 (1,I) = 9                                        00001050
       GOTO 20                                               00001060
19     CONTINUE                                                 01070
       IF (IER2.NE.N) GOTO 21                                   01080
       WRITE (6,108)                                            01090
108    FORMAT (33H IMPOSSIBILITY INCLUDES ELSE-CASE,/)          01100
       WRITE (6,102) I,(TAB1(IK,I),IK=1,N)                      01110
       WRITE (6,105) J,(TAB2(IK,J),IK=1,N)                      01120
       TAB2 (1,J) = 9                                        00001130
       GOTO 20                                               00001140
21     CONTINUE                                                 01150
6      CONTINUE                                                 01170
C                                                              01180
C      3 CASES                                                 01190
C      LR-LR LS1     REDUNDANCY                                01200
C      IM-IM LS4     REDUNDANCY                                01210
C      EL-EL LS6     REDUNDANCY                                01220
       IF (.NOT.LS1) GOTO 23                                 00001230
       DO 42 K = 1,MB                                        00001240
       IF (ERACT(K,I)-ERACT(K,J)) 20,42,20                  00001250
42     CONTINUE                                              00001260
23     CONTINUE                                              00001270
       IF (IER1.NE.N.OR.IER2.NE.N) GOTO 4141                   01280
C      IER1 = N .AND. IER2 = N                                 01290
       TAB2 (1,J) = 9                                          01300
       TAB1 (1,J) = 9                                          01310
       GOTO 20                                                 01320
4141   CONTINUE                                                01330
       IF (IER1.NE.N) GOTO 4142                                01340
C      IER1 = N                                                01350
       TAB1 (1,I) = 9                                          01360
```

```
      TAB2 (1,I) = 9                              01370
      GOTO 20                                     01380
 4142 CONTINUE                                    01390
      IF (IER2.NE.N) GOTO 4143                    01400
C     IER2 = N                                    01410
      TAB1 (1,J) = 9                              01420
      TAB2 (1,J) = 9                              01430
      GOTO 20                                     01440
 4143 CONTINUE                                    01450
C                                               00001460
 9    CONTINUE                                  00001470
      IF (IS2.EQ.0) GOTO 11                      00001480
      IF (IS1.EQ.0) GOTO 12                      00001490
      GOTO 20                                    00001500
 12   CONTINUE                                  00001510
      IF (IS2.EQ.1) GOTO 15                      00001520
      TAB1 (1,I) = 9                            00001530
      GOTO 20                                    00001540
 15   CONTINUE                                  00001550
      IF (TAB1(IQCHG,I).EQ.0) GOTO 16           00001560
      TAB2 (IQCHG,J) = 0                        00001570
      GOTO 20                                    00001580
 16   CONTINUE                                  00001590
      TAB2 (IQCHG,J) = 1                        00001600
      GOTO 20                                    00001610
 11   CONTINUE                                  00001620
      IF (IS1.NE.0) GOTO 17                      00001630
      TAB2 (1,J) = 9                            00001640
      GOTO 20                                    00001650
 17   CONTINUE                                  00001660
      IF (IS1.EQ.1) GOTO 18                      00001670
```

```
        TAB2 (1,J) = 9                                          00001680
        GOTO 20                                                 00001690
  18    CONTINUE                                                00001700
        IF (TAB2(ICHANG,J).EQ.0) GOTO 22                        00001710
        TAB1 (ICHANG,I) = 0                                     00001720
        GOTO 20                                                 00001730
  22    CONTINUE                                                00001740
        TAB1(ICHANG,I) = 1                                      00001750
        GOTO 20                                                 00001760
C                                                                 01770
C       BEGIN OF TABLE-CHECK                                      01780
C                                                                 01790
 9997 CONTINUE                                                    01800
        IF (IER1.NE.N.OR.IER2.NE.N) GOTO4251                      01810
C       IER1 = N .AND. IER2 = N                                   01820
        DO 50 K = 1, M8                                           01830
        IF (ERACT(K,I).NE.ERACT(K,J)) GOTO 49                     01840
  50    CONTINUE                                                  01850
C       REDUNDANCY                                                01860
        TAB1 (1,J) = 9                                            01870
        TAB2 (1,J) =                                              01880
        GOTO 20                                                   01890
 4251 CONTINUE                                                    01900
        IF (IER1.NE.N) GOTO 4252                                  01910
C       IER1 = N                                                  01920
        DO 50 K = 1,M8                                            01930
        IF (ERACT(K,I).NE.ERACT(K,J)) GOTO 49                     01940
  60    CONTINUE                                                  01950
C       REDUNDANCY                                                01960
        TAB1 (1,I) = 9                                            01970
        TAB2 (1,I) = 9                                            01980
        GOTO 20                                                   01990
 4252 CONTINUE                                                    02000
        IF (IER2.NE.N) GOTO 4253                                  02010
```

```
C       IER2 = N
        DO 70 K = 1,M8
        IF (ERACT(K,I).NE.ERACT(K,J)) GOTO 49
  70    CONTINUE
C       REDUNDANCY
        TAB1 (1,I) = 9
        TAB2 (1,I) = 9
        GOTO 20
4253    CONTINUE
        IF (IS1.LE.0.OR.IS2.NE.1) GOTO 48
C       IS1 GT 0 AND IS2 = 1
C       IS1 = 1 AND IS2 = 1   TAKE OFF ONLY ONE DEPENDENCE
        DO 310 K = 1,M8
        IF (ERACT (K,I) .NE. ERACT (K,J)) GOTO 49
 310    CONTINUE
C       ACTION-PARTS ARE IDENTICAL
C       REDUNDANCY IS SEPERABLE
        IF (TAB1(IQCHG,I).EQ.0) GOTO 51
        TAB2 (IQCHG,J) = 0
        GOTO 20
  51    CONTINUE
        TAB2 (IQCHG,J) = 1
        GOTO 20
  48    CONTINUE
        IF (IS1.NE.1.OR.IS2.LE.1) GOTO 52
C       IS1 = 1 AND IS2 GT 1
        DO 320 K = 1, M8
        IF (ERACT (K,I) .NE. ERACT (K,J)) GOTO 49
 320    CONTINUE
C       REDUNDANCY IS SEPERABLE
        IF (TAB2(ICHANG,J).EQ.0) GOTO 53
        TAB1 (ICHANG,I) = 0
        GOTO 20
  53    CONTINUE
```

```
        TAB1 (ICHANG,I) = 1                                                      02360
        GOTO 20                                                                  02370
 52     CONTINUE                                                                 02380
C       IS1 GT 1 AND IS2 GT 1                                                    02390
C       IS1 = IS2                                                                02400
        DO 330 K = 1,M8                                                          02410
        IF (ERACT (K,I) .NE. ERACT (K,J)) GOTO 49                                02420
 330    CONTINUE                                                                 02430
C       REDUNDANCIES ARE NOT SEPERABLE                                       00002440
        WRITE (6,4441)                                                           02450
 4441   FORMAT (37H FOUND REDUNDANCIES ARE NOT SEPARABLE,12H -- RULE-NR.,    00002460
       X I3,3X,9H RULE-NR.,I3)                                               00002470
 49     CONTINUE                                                                 02480
C       CONTRADICTION                                                            02490
C       BREAK = .TRUE.                                                           02500
 109    FORMAT (9H RULE-NR,I3,29H IS CONTRADICTORY TO RULE-NR.,I3,/)             02510
        WRITE (6,109) I,J                                                        02520
        WRITE (6,101)I,(TAB1(K,I),K=1,N),(ERACT(K,I),K=1,M8)                     02530
        WRITE (6,101)J,(TAB2(K,J),K=1,N),(ERACT(K,J),K=1,M8)                     02540
C       GOTO 9999                                                                02550
 20     CONTINUE                                                                 02560
 10     CONTINUE                                                                 02570
C       TAB1    *******************************                                  02580
        LSS = LS1.OR.LS2.OR.LS3                                                  02590
        ID = 0                                                                   02600
        DO 340 I = 1, NUM1                                                       02610
        IF (TAB1 (1,I).EQ.9) GOTO 340                                           02620
        ID = ID + 1                                                             02630
        DO 341 K = 1,N                                                          02640
        TAB1 (K,ID) = TAB1 (K,I)                                                02650
 341    CONTINUE                                                                02660
        IF (.NOT.LSS) GOTO 340                                                  02670
        DO 342 K = 1, M8                                                        02680
        ERACT (K,ID) = ERACT (K,I)                                             02690
```

```
342   CONTINUE                              02700
340   CONTINUE                              02710
      NUM1 = ID                             02720
      IF (.NOT.LSINGL) GOTO 1363            02730
      NUM2 = NUM1                           02740
      GOTO 9999                             02750
1363  CONTINUE                              02760
C                                           02770
      ID = 0                                02780
      DO 350 J = 1, NUM2                    02790
      IF (TAB2 (1,J).EQ.9) GOTO 350         02800
      ID = ID + 1                           02810
      DO 351 K = 1,N                        02820
      TAB2 (K,ID) = TAB2 (K,J)              02830
351   CONTINUE                              02840
350   CONTINUE                              02850
      NUM2 = ID                             02860
9999  RETURN                                02870
      END                                   02880
```

```
      SUBROUTINE VOTPRC (SIGN1,SIGN2,SIGN3,SIGN4,SIGN5)          00000
      COMMON N, M, IMP, LRUL, IELS, NSMAX, M8, IELR, NUM          00010
      COMMON CONRY (20,8), ACTRY (64,8)                          00020
      COMMON COSTUB (5,4,8), ACSTUB (8,8,8)                      00030
      COMMON ERCOND(20,128), ERACT(8,128), IMPOSS(20,128), ELSE(20,128)  00040
      COMMON CONDIT (3,256), ACTION (8,256), SUBELS (256)        00050
      COMMON FINIT,SPLIT,CONSIS,ELDASH,REDUND                 00000060
      REAL CONRY, ACTRY, COSTUB, ACSTUB                          00070
      INTEGER ERACT, ACTION, CONDIT, SUBELS                      00080
      INTEGER*2 ERCOND, IMPOSS, ELSE                             00090
      LOGICAL FINIT,SPLIT,CONSIS,ELDASH,REDUND                00000100
C     COMMON N, M, IMP, LRUL, IELS, NSMAX, M8, IELR, NUM          00110
C     COMMON CONRY (20,8), ACTRY (64,8)                          00120
C     COMMON COSTUB (5,4,8), ACSTUB (8,8,8)                      00130
C     COMMON ERCOND(20,128), ERACT(8,128), IMPOSS(20,128), ELSE(20,128)  00140
C     COMMON CONDIT (3,256), ACTION (8,256), SUBELS (256)        00150
C     COMMON FINIT,SPLIT,CONSIS,ELDASH,REDUND                 00000160
C     REAL CONRY, ACTRY, COSTUB, ACSTUB                          00170
C     INTEGER ERACT, ACTION, CONDIT, SUBELS                      00180
C     INTEGER*2 ERCOND, IMPOSS, ELSE                             00190
C     LOGICAL FINIT,SPLIT,CONSIS,ELDASH,REDUND                00000200
      REAL SIGN1,SIGN2,SIGN3,SIGN4,SIGN5                         00210
      INTEGER*2 DIGIT (8), STRIKE (256)                          00220
      INTEGER*2 LRLOW(128),IMLOW(128),ELLOW(128)                 00230
      INTEGER*2 LRUPP(128),IMUPP(128),FLUPP(128)                 00240
      INTEGER*2 LRSORT (128),IMSORT(128),ELSORT(128)             00250
      LOGICAL OLD, ORGTAB,RSLTAB,LACT,DIFF, BREAK             00000260
                                                                 00270
C     (M-NSMAX) ALWAYS LESS OR EQUAL 14   *********************************  00280
C                                                                00290
      IELR = IELS                                                00300
      ORGTAB = .FALSE.                                           00310
      RSLTAB = .TRUE.                                            00320
```

```
      SPLIT = .FALSE.                                        00000330
      IF (N.GT.NSMAX) SPLIT = .TRUE.                         00000340
      NB = 1                                                 00350
      IN = N                                                 00360
      IF (SPLIT) IN= ISMAX                                   00370
      IF (.NOT.SPLIT) GOTO 16                                00380
 1033 FORMAT (1H ,/)                                         00390
      DO 2 I = 1, LRUL                                       00400
      CALL YLOWUP (N,NSMAX,ERCOND,LRLOW,LRUPP,I)             00410
    2 CONTINUE                                               00420
      CALL YSORT (LRUL,LRLOW,LRUPP,LRSORT)                   00430
      IF (IMP.EQ.0) GOTO 5                                   00440
      DO 3 I = 1, IMP                                        00450
      CALL YLOWUP (N,NSMAX,IMPOSS,IMLOW,IMUPP,I)             00460
    3 CONTINUE                                               00470
      CALL YSORT (IMP,IMLOW,IMUPP,IMSORT)                    00480
    5 CONTINUE                                               00490
C                                                            00500
      IF (IELR.EQ.0) GOTO 6                                  00510
      DO 4 I = 1, IELR                                       00520
      CALL YLOWUP (N,NSMAX,ELSE,ELLOW,ELUPP,I)               00530
    4 CONTINUE                                               00540
      CALL YSORT (IELR,ELLOW,ELUPP,ELSORT)                   00550
    6 CONTINUE                                               00560
C                                                            00570
      IF (N.LT.NSMAX) GOTO 16                                00580
      IE = 2**NSMAX                                          00590
      MN = 2**(N-NSMAX)                                      00600
      GOTO 17                                                00610
   16 CONTINUE                                               00620
      IE = 2**N                                              00630
      MN = 1                                                 00640
      NSMAX = N                                              00650
   17 CONTINUE                                               00660
```

```
      NS = N-NSMAX+1                                                    00670
      NI = N-NSMAX                                                      00680
C                                                                       00690
      DO 10 I = 1, NN                                                   00700
      IEN = I * IE - 1                                                  00710
      IAF = IEN - IE + 1                                                00720
      IG = I - 1                                                        00730
      DO 20 J =1,IE                                                     00740
      COMBIT (1,J) = J                                                  00750
      DO 21 IJ=1,MB                                                     00760
   21 ACTION (IJ,J) = 0                                                 00770
   20 CONTINUE                                                          00780
      IF (IMP.EQ.0) GOTO 35                                             00790
C                                                                       00800
C     IMPOSS PROCESSING                                                 00810
C                                                                       00820
      DO 30 K = 1,IMP                                                   00830
      L = K                                                             00840
      IF (.NOT. SPLIT) GOTO 1919                                        00850
      L = IMSORT (K)                                                    00860
C     WRITE (6,4713)K,L,IMLOW(L),IMUPP(L),IG                            00870
 4713 FORMAT (4H K =,I3,2X,4H L =,I3,2X,11H IMLOW(L) =,I3,2X,11H IMUPP(L 00880
     X) =,I3,2X,5H IG =,I3)                                             00890
      IF (IMLOW(L).GT.IG) GOTO 35                                       00900
      IF (IMUPP(L).LT.IG) GOTO 30                                       00910
      IXPO = NN                                                         00920
      IL = 0                                                            00930
   22 IXPO = IXPO/2                                                     00940
      IF (I.GT.IXPO) GOTO 19                                            00950
C     IREST = 0                                                         00960
      IL = IL + 1                                                       00970
      IF (IMPOSS(IL,L).EQ.1) GOTO 30                                    00980
      GOTO 22                                                           00990
   19 CONTINUE                                                          01000
```

```
      IJ = IG                                                          01010
      IL = NS                                                          01020
23    IC = IJ/2                                                        01030
      IREST = IC -2*IC                                                 01040
      IL = IL - 1                                                      01050
      LL = IMPOSS (IL,L)                                               01060
      IF (LL.EQ.2) GOTO 24                                             01070
      IF (IREST.EQ.0.AND.LL.EQ.1.OR.IREST.EQ.1.AND.LL.EQ.0) GOTO 30   01080
24    CONTINUE                                                         01090
      IJ = IC                                                          01100
      IF (IJ.GT.0) GOTO 23                                             01110
C     IMPOSS IST ANZUWENDEN AUF TABLE I                                01120
1919  CONTINUE                                                         01130
      ID = NSMAX + 1                                                   01140
      DO 31 KK = NS,1                                                  01150
      ID = ID - 1                                                      01160
      DIGIT (ID) = IMPOSS (KK,L)                                       01170
31    CONTINUE                                                         01180
      IA = 0                                                           01190
      DO 32 KK = 1, ISMAX                                              01200
      IF (DIGIT(KK).LE.1) IA = IA + 1                                  01210
32    CONTINUE                                                         01220
      II = ISMAX - IA                                                  01230
      IF (II.NE.ISMAX) GOTO 33                                         01240
C     SUBTABLE IS IMPOSSIBLE                                           01250
      GOTO 10                                                          01260
33    CONTINUE                                                         01270
      IJ = 2**II                                                       01280
      CALL YANALY (NSMAX,DIGIT,IA,II,IE,STRIKE)                        01290
C     WRITE (6,4714) (STRIKE(IK),IK=1,IJ)                              01300
4714  FORMAT (1H ,10I6)                                                01310
      DO 34 JJ = 1, IJ                                                 01320
      L = STRIKE (JJ) + 1                                              01330
34    ACTION (1,L) = 11349                                             01340
```

```
30       CONTINUE                                                          01350
35       CONTINUE                                                          01360
C                                                                          01370
C        ELSE-CASE PROCESSING                                              01380
C                                                                          01390
         IF (IELR.EQ.0) GOTO 45                                            01400
         DO 40 K = 1,IELR                                                  01410
         L = K                                                             01420
         IF (.NOT. SPLIT) GOTO 3737                                        01430
         L = ELSTRT (K)                                                    01440
C        WRITE (6,4716)K,L,ELLOW(L),ELUPP(L),IG                            01450
 4716 FORMAT (4H K =,I3,2X,4H L =,I3,2X,11H ELLOW(L) =,I3,2X,11H ELUPP(L   01460
     X) =,I3,2X,5H IG =,I3)                                                01470
         IF (ELLOW(L).GT.IG) GOTO 45                                       01480
         IF (ELUPP(L).LT.IG) GOTO 40                                       01490
         IXPO = NN                                                         01500
         IL = 0                                                            01510
36       IXPO = IXPO/2                                                     01520
         IF (1.GT.IXPO) GOTO 37                                            01530
L        IREST = 0                                                         01540
         IL = IL + 1                                                       01550
         IF (ELSE(IL,L).EQ.1) GOTO 40                                      01560
         GOTO 36                                                           01570
37       CONTINUE                                                          01580
         IQ = IG                                                           01590
         IL = NS                                                           01600
38       IC = IQ/2                                                         01610
         IREST = IQ - 2*IC                                                 01620
         IL = IL - 1                                                       01630
         LL = ELSE (IL,L)                                                  01640
         IF (LL.EQ.2) GOTO 39                                              01650
         IF (IREST.EQ.0.AND.LL.EQ.1.OR.IREST.EQ.1.AND.LL.EQ.0) GOTO 40    01660
39       CONTINUE                                                          01670
```

```
      IQ = IC                                              01680
      IF (IQ.GT.0) GOTO 38                                 01690
C     ELSE IST AUF TABLE I ANZUWENDEN                      01700
 3737 CONTINUE                                             01710
      ID = NSMAX+1                                         01720
      DO 41 KK =NS,N                                       01730
      ID = ID - 1                                          01740
      DIGIT (ID) = ELSE (KK,L)                             01750
   41 CONTINUE                                             01760
      IA = 0                                               01770
      DO 42 KK = 1, NSMAX                                  01780
      IF (DIGIT(KK).LE.1) IA = IA + 1                      01790
   42 CONTINUE                                             01800
      II = NSMAX - IA                                      01810
      IF (II.NE.NSMAX) GOTO 43                             01820
C     SUBTABLE IS IRRELLEVANT                              01830
C     SUBTABLE OUTPUT                                      01840
C     GOTO 1010                                            01850
      GOTO 10                                              01860
   43 CONTINUE                                             01870
      IJ = 2**II                                           01880
      CALL YANALY (NSMAX,DIGIT,IA,II,IE,STRIKE)            01890
C     WRITE (6,4714) (STRIKE(IK),IK=1,IJ)                  01900
      DO 44 JJ = 1, IJ                                     01910
      L = STRIKE (JJ) + 1                                  01920
   44 ACTION (1,L) = 22450                                 01930
   40 CONTINUE                                             01940
   45 CONTINUE                                             01950
C                                                          01960
C     ELEMENTARY-RULE PROCESSING                           01970
C                                                          01980
      DO 50 K = 1, LRUL                                    01990
      L = K                                                02000
      IF (.NOT. SPLIT) GOTO 4747                           02010
```

```
        L = LRSORT (K)                                                    02020
C       WRITE (6,4715)K,L,LRLOW(L),LRUPP(L),IG                            02030
 4715 FORMAT (4H K =,I3,2X,4H L =,I3,2X,11H LRLOW(L) =,I3,2X,11H LRUPP(L  02040
     X) =,I3,2X,5H IG =,I3)                                               02050
        IF (LRLOW(L).GT.IG) GOTO 55                                       02060
        IF (LRUPP(L).LT.IG) GOTO 50                                       02070
        IXPO = VM                                                         02080
        IL = 0                                                            02090
   46   IXPO = IXPO/2                                                     02100
        IF (I.GT.IXPO) GOTO 47                                            02110
C       IREST = 0                                                         02120
        IL = IL + 1                                                       02130
        IF (ERCOND(IL,L).EQ.1) GOTO 50                                    02140
        GOTO 46                                                           02150
   47   CONTINUE                                                          02160
        IQ = IG                                                           02170
        IL = NS                                                           02180
   48   IC = IQ/2                                                         02190
        IREST = IQ - 2*IC                                                 02200
        IL = IL - 1                                                       02210
        LL = ERCOND (IL,L)                                                02220
        IF (LL.EQ.2) GOTO 49                                              02230
        IF (IREST.EQ.0.AND.LL.EQ.1.OR.IREST.EQ.1.AND.LL.EQ.0) GOTO 50    02240
   49   CONTINUE                                                          02250
        IQ = IC                                                          02260
        IF (IQ.GT.0) GOTO 48                                              02270
C       ERCOND IST AUF TABLE I ANZUWENDEN                                 02280
 4747 CONTINUE                                                            02290
        ID = NSMAX + 1                                                    02300
        DO 51 KK = NS,M                                                   02310
        ID = ID - 1                                                       02320
        DIGIT (ID) = ERCOND (KK,L)                                        02330
   51   CONTINUE                                                          02340
```

```
         IA = 0
         DO 52 KK = 1, NSMAX
         IF (DIGIT(KK).LE.1) IA = IA + 1
52       CONTINUE
         II = NSMAX - IA
         IJ = 2**II
         CALL YANALY (NSMAX,DIGIT,IA,II,IE,STRIKE)
C        WRITE (6,4714) (STRIKE(IK),IK=1,IJ)
         DO 54 IK = 1, 16
         IZZ = ERACT (IK,L)
         OLD = .FALSE.
         DO 56 JJ = 1 , IJ
         LL = STRIKE (JJ) + 1
         IZ = ACTION (IK,LL)
         IF (IK.EQ.1.AND.IZ.EQ.11349) GOTO 56
         IB = LL - 1
         CALL YOJAL (IB,IL)
         CONDIT (1,LL) = IL
         CALL YACPAR (8,IZZ,IZ,DIGIT,OLD)
         OLD = .TRUE.
         ACTION (IK,LL) = IZ
56       CONTINUE
54       CONTINUE
50       CONTINUE
55       CONTINUE
         IELS = 0
         NJM = 0
         DO 57 K = 1, IE
         DO 58 IK = 1,NB
         IZ = ACTION (IK,K)
         IF (IK.NE.1) GOTO 5757
         IF (IZ.EQ.11349.OR.IZ.EQ.22450) GOTO 57
         IF (IZ.EQ.0) GOTO 59
         NJM = NUM + 1
```

```
5757 CONTINUE                                                       02690
     ACTION (IK,NUM) = IZ                                           02700
58   CONTINUE                                                       02710
     CONDIT (1,NUM) = CONDIT (1,K)                                  02720
     GOTO 57                                                        02730
59   IELS = IELS + 1                                                02740
     KK = K-1                                                       02750
     CALL YDUAL (KK,IL)                                             02760
     SJBELS (IELS) = IL                                             02770
57   CONTINUE                                                       02780
C                                                                   02790
C    OUTPUT OF ELSE-CASES                                           02800
C    OUTPUT OF SUBTABLE                                             02810
C                                                                   02820
C    OUTPUT DER RELEVANTEN UND DER NICHT KATEGORISIERTEN FAELLE     02830
C    ****************************************************           02840
     IF (NUM.EQ.0.OR.CRISIS) GOTO 1010                             02850
     IF (.NOT. SPLIT) GOTO 7777                                    02860
     WRITE (6,102)                                                  02870
     WRITE (6,103) IG                                               02880
103  FORMAT (20H OUTPUT OF SUBTABLE ,I6,16H  RELEVANT CASES,/)      02890
     GOTO 8888                                                      02900
7777 CONTINUE                                                       02910
     WRITE (6,102)                                                  02920
     WRITE (6,104)                                                  02930
104  FORMAT (31H OUTPUT OF FINAL DECISION TABLE,/)                  02940
8888 CONTINUE                                                       02950
     CALL YDASH (IN,M,CONDIT,ACTION,N8,M8,NUM,BREAK,REDUND)     00002960
     IF (BREAK) GOTO 10                                        00002970
     LACT = .TRUE.                                                  02980
     DIFF = .TRUE.                                                  02990
     IG = I - 1                                                     03000
     CALL YDTOUT (NUM,SIGN1,SIGN2,SIGN3,SIGN4,SIGN5,ORGTAB,RSLTAB,  03010
    X LACT,DIFF,IG)                                                 03020
```

```
C        IF (NUM.EQ.0) GOTO 1010                                           03030
C        DJ 70 IJ = 1,NUM                                                  03040
C70      WRITE (5,106)IJ,CONDIT (1,IJ), (ACTION(IK,IJ),IK=1,M8)            03050
C106     FORMAT (9H RULE-NR.,I3,4X,I8,4X,8(1HI,I8,1X))                     03060
 1010    CONTINUE                                                          03070
         IF (IELS.EQ.0) GOTO 10                                            03080
         IF (.NOT.SPLIT) GOTO 7776                                         03090
C        OUTPUT OF UNCATEGORIZED CASES *******************************     03100
         WRITE (6,102)                                                     03110
         WRITE (6,100) IG                                                  03120
 100     FORMAT (42H OUTPUT OF UNCATEGORIZED CASES - SUBTABLE ,I3,/)       03130
         GOTO 8887                                                         03140
 7776    CONTINUE                                                          03150
         WRITE (6,102)                                                     03160
         WRITE (6,105)                                                     03170
 105     FORMAT (30H OUTPUT OF UNCATEGORIZED CASES,/)                      03180
 8887    CONTINUE                                                          03190
         LACT = .FALSE.                                                    03200
         DIFF = .FALSE.                                                    03210
         IG = I - 1                                                        03220
         CALL YOTOUT (IELS,SIGN1,SIGN2,SIGN3,SIGN4,SIGN5,ORGTAB,RSLTAB,    03230
        X LACT,DIFF,IG)                                                    03240
         IF (.NOT.ELDASH) GOTO 10                                          03250
         WRITE (6,102)                                                     03260
         WRITE (6,108)                                                     03270
 108     FORMAT (42H OUTPUT OF CORRESPONDING DASHED ELSE-CASES,/)          03280
         DJ 6665 IJ=1,IELS                                                 03290
 6665    CONDIT(1,IJ) = SUBELS (IJ)                                        03300
         DJ 6664 IJ = 1,IELS                                              03310
         DJ 6663 IK = 1,M8                                                 03320
         ACTION (IK,IJ) = 0                                                03330
 6663    CONTINUE                                                          03340
 6664    CONTINUE                                                          03350
         CALL YODASH (IN,M,CONDIT,ACTION,N8,M8,IELS,BREAK,REDUND)      00003360
```

```
      IF (BREAK) GOTO 10                                             00003370
      DO 6662 IJ = 1,IELS                                             0338C
 6662 SUBELS (IJ) = CONDIT (1,IJ)                                     03390
      CALL YOTOUT (IELS,SIGN1,SIGN2,SIGN3,SIGN4,SIGN5,ORGTAB,RSLTAB,  03400
     X LACT,DIFF,IG)                                                  03410
C     DO 60 IJ = 1,IELS                                               03420
C60   WRITE (6,101) IJ, SUBELS (IJ)                                   03430
C101  FORMAT (9H ELSE-NR.,I3,4X,I8)                                   03440
      WRITE (6,102)                                                   03450
 102  FORMAT (1H ,/)                                                  03460
 10   CONTINUE                                                        03470
      IELS = IELR                                                     03480
      RETURN                                                          03490
      END                                                             03500
```

```
      SUBROUTINE YLOWUP (N, NSMAX, COND, LOW, UPP, I)       03510
      INTEGER*2 COND (20,128), LOW (128), UPP (128)         03520
      NI = N - NSMAX                                        03530
      ISUM1 = 0                                             03540
      ISUM2 = 0                                             03550
      DO 15 K = 1,NI                                        03560
      IXPO = NI-K                                           03570
      L = COND (K,I)                                        03580
      IF (L.LT.1) GOTO 15                                   03590
      IF (L.LT.2) GOTO 18                                   03600
      ISUM2 = ISUM2 + 2**IXPO                               03610
      GOTO 15                                               03620
18    CONTINUE                                              03630
      ISUM1 = ISUM1 + 2**IXPO                               03640
      ISUM2 = ISUM2 + 2**IXPO                               03650
15    CONTINUE                                              03660
      LOW (I) = ISUM1                                       03670
      UPP (I) = ISUM2                                       03680
      RETURN                                                03690
      END                                                   03700
```

```
      SUBROUTINE YSORT (NUM, VECIN1, VECIN2, VECLOW)       03710
      INTEGER*2 VECIN1 (128), VECIN2 (128), VECLOW (128)   03720
      INTEGER*2 AUX1 (128), AUX2 (128), IAUX               03730
      DO 5 I = 1, NUM                                      03740
      AJX1 (I) = VECIN1 (I)                                03750
      AJX2 (I) = VECIN2 (I)                                03760
      VECLOW (I) = I                                       03770
    5 CONTINUE                                             03780
                                                           03790
C                                                          03800
      DO 10 I = 2, NUM                                     03810
      K = I                                                03820
   17 CONTINUE                                             03820
      IF (AJX1(K).GT.AUX1(K-1)) GOTO 10                    03830
      IF (AJX1(K).NE.AUX1(K-1)) GOTO 15                    03840
      IF (AJX2(K).GE.AUX2(K-1)) GOTO 10                    03850
   15 CONTINUE                                             03860
      IAUX = AUX1 (K-1)                                    03870
      AJX1 (K-1) = AUX1 (K)                                03880
      AUX1 (K) = IAUX                                      03890
      IAUX = AUX2 (K-1)                                    03900
      AJX2 (K-1) = AUX2 (K)                                03910
      AJX2 (K) = IAUX                                      03920
      IAUX = VECLOW (K-1)                                  03930
      VECLOW (K-1) = VECLOW (K)                            03940
      VECLOW (K) = IAUX                                    03950
      K = K-1                                              03960
      IF (K.GT.1) GOTO 17                                  03970
   10 CONTINUE                                             03980
      RETURN                                               03990
      END                                                  04000
```

```
      SUBROUTINE YANALY   (NN,DIG,IAA,IHH,IKK,STRIX)              04010
      INTEGER*2 DIG (8),  STRIX(256),VALUE(8),SUM,INDEX1(8),INDEX2(8)  04020
C                                                                04030
C     THIS SUBROUTINE PERFORMS THE VARYING OF COMPLEX RULES      04040
C                                                                04050
      IF (IHH.EQ.NN) GOTO 1991                                   04060
      IC = 1                                                     04070
      IB = 1                                                     04080
      DO 10 J = 1, NN                                            04090
      L = DIG (J)                                                04100
      IF (L .LE. 1) GOTO 1                                       04110
      INDEX2 (IC) = J - 1                                        04120
      IC = IC + 1                                                04130
      GOTO 10                                                    04140
    1 INDEX1 (IB) = J - 1                                        04150
      VALUE (IB) = L                                             04160
      IB = IB + 1                                                04170
   10 CONTINUE                                                   04180
C                                                                04190
C     COMPUTING THE VALUE OF THE ORIGINAL DIGITS                 04200
C                                                                04210
      SUM = 0                                                    04220
      DO 20 J = 1. IAA                                           04230
      IF (VALUE (J) .EQ. 0) GOTO 20                              04240
      IND = INDEX1 (J)                                           04250
      SUM = SUM + 2 ** IND                                       04260
   20 CONTINUE                                                   04270
C                                                                04280
C     COMPUTING THE VALUE OF SURROUNDING DIGITS                  04290
C                                                                04300
      IF (IHH .NE. 0) GOTO 2                                     04310
      STRIX (1) = SUM                                            04320
```

```
      GOTO 100
2     IC = 2 ** INDEX2 (1)                    04330
      STRIX (1) = SUM                          04340
      STRIX (2) = SUM + IC                     04350
      IF (IHH .EQ. 1) GOTO 100                 04360
      ID = 2 ** INDEX2 (2)                     04370
      IB = SUM + ID                            04380
      STRIX (3) = IB                           04390
      STRIX (4) = IB + IC                      04400
      IF (IHH .EQ. 2) GOTO 100                 04410
      IE = 2 ** INDEX2 (3)                     04420
      IB = SUM + IE                            04430
      STRIX (5) = IB                           04440
      STRIX (6) = IB + IC                      04450
      IB = IB + ID                             04460
      STRIX (7) = IB                           04470
      STRIX (8) = IB + IC                      04480
      IF (IHH .EQ. 3) GOTO 100                 04490
      IG = 2 ** INDEX2 (4)                     04500
      IB = SUM + IG                            04510
      STRIX (9) = IB                           04520
      STRIX (10) = IB + IC                     04530
      IG = IB + ID                             04540
      STRIX (11) = IG                          04550
      STRIX (12) = IG + IC                     04560
      IB = IB + IE                             04570
      STRIX (13) = IB                          04580
      STRIX (14) = IB + IC                     04590
      IG = IB + ID                             04600
      STRIX (15) = IG                          04610
      STRIX (16) = IG + IC                     04620
      IF (IHH .EQ. 4) GOTO 100                 04630
      IXPJ = 2**INDEX2(5)                      04640
      DO 40 J = 1, 16                          04650
                                              04660
```

```
         L = 16 + J                                04670
40       STRIX (L) = STRIX (J) + IXPO             04680
         IF (IHH.EQ.5) GOTO 100                    04690
         IXPO = 2**INDEX2(6)                       04700
         DO 50 J = 1,32                            04710
         L = 32 + J                                04720
50       STRIX(L) = STRIX(J) + IXPO               04730
         IF (IHH.EQ.6) GOTO 100                    04740
         IXPO = 2**INDEX2(7)                       04750
         DO 60 J = 1,64                            04760
         L = 64 + J                                04770
60       STRIX(L) = STRIX(J) + IXPO               04780
         GOTO 100                                  04790
1991     CONTINUE                                  04800
         DO 70 J = 1, IKK                          04810
70       STRIX(J) = J - 1                          04820
100      RETURN                                    04830
         END                                       04840
```

```
      SUBROUTINE VACPAR  (M, IXX, IX, DIGT, OLDY)          04850
      INTEGER EXPO                                         04860
      INTEGER*2 DIG(8), DIGT(8)                            04870
      LOGICAL OLDY                                         04880
C                                                          04890
C     THIS PROCEDURE ASSIGN THE ACTION ENTRY TO THE ACTION PART   04900
C                                                          04910
      IF (IX .NE. 0) GOTO1                                 04920
      DO 10 I = 1, M                                       04930
      DIG (I) = 0                                          04940
10    CONTINUE                                             04950
      GOTO 5                                               04960
1     EXPO = 10 ** M                                       04970
      I = 0                                                04980
20    I = I + 1                                            04990
      EXPO = EXPO/10                                       05000
      IF (IX .LT. EXPO) GOTO 3                             05010
2     IX = IX - EXPO                                       05020
      DIG (I) = 1                                          05030
      GOTO 4                                               05040
3     DIG (I) = 0                                          05050
4     CONTINUE                                             05060
      IF (I. LT. M) GOTO 20                                05070
5     IF (OLDY) GOTO 9                                     05080
      EXPO = 10 ** M                                       05090
      I = 0                                                05100
30    I = I + 1                                            05110
      EXPO = EXPO/10                                       05120
      IF (IXX .LT. EXPO) GOTO 7                            05130
6     IXX = IXX - EXPO                                     05140
      DIGT (I) = 1                                         05150
      GOTO 8                                               05160
7     DIGT (I) = 0                                         05170
9     CONTINUE                                             05180
```

```
          IF (I .LT. M) GOTO 30                    05190
  9       IX = 0                                   05200
          I = M - 1                                05210
          DO 40 K = 1, M                           05220
          LL = DIGT (K)                            05230
          IF (LL .EQ. 1) GOTO 34                   05240
          IF (DIG(K) .EQ. 0) GOTO 35              05250
  34      IX = IX + 10 ** I                        05260
  35      I = I - 1                                05270
  40      CONTINUE                                 05280
          RETURN                                   05290
          END                                      05300
```

```
      SUBROUTINE VDUAL (IK, LM)           05310
      IE = 0                              05320
      LM = 0                              05330
      IQ = IK                             05340
1     IC = IQ/2                           05350
      IREST = IQ - 2* IC                  05360
      IF (IREST .EQ. 1) LM = LM + 10 ** IE 05370
      IE = IE + 1                         05380
      IQ = IC                             05390
      IF (IQ) 2,2,1                       05400
2     RETURN                              05410
      END                                 05420
```

Literaturverzeichnis

IB1.1   McDaniel
Applications of Decision Tables
Brandon/Systems Press, Inc., Princeton
New York, London

IB4.1.1   Verhelst
Decision Tables: New Developments and
Implementations
Institute of Applied Economic Sciences
University of Louvain (Belgium)
7 - 8 Dezember, 1971, Amsterdam

IIA2.1   Revised Report on the Algorithmic Language
ALGOL 60, Communications of the ACM 6
(1963), 1

IIB5.1   Pollack
Analysis of the Decision Rules in
Decision Tables, The Rand Corperation,
Santa Monica, California, May 1963

IIC1.1   Mc Daniel
Decision Table Software
Brandon/Systems Press Inc., Princeton,
New York, London

IIC1.2   Strunz
Eine Methode zur Zergliederung von Entscheidungstabellen, Angewandte Informatik
3/71, S. 117 - 122

IIIB2.1   Dathe
Mehrdeutige Entscheidungstabellen. Jahres-
kolloquium der Rechentechnik in Braunschweig
29. Feb. 1972, aiv Darmstadt

Weitere Hinweise auf einschlägige Fachliteratur findet
man in den Literaturverzeichnissen der angegebenen Titel
und in der 'Wissenschaftlichen Bibliothek' der
IBM Deutschland in der Bibliographie Nr. 50 vom
23. Okt. 1970 über Entscheidungstabellen.